我々はどう進化すべきか

聖地ガラパゴス諸島の衝撃

広島大学教授
長沼 毅 Naganuma Takeshi

さくら舎

はじめに――なぜ、いま、ガラパゴスなのか

なぜ、いま、ガラパゴスなのか。それは、いまの日本の**ガラパゴス化**がよく話題に上るからです。では、ガラパゴス化とは何なのでしょうか、それは良いことでしょうか、それとも、悪いことでしょうか。ガラパゴス化という言葉には、世間ではマイナスのイメージがあるようですが、本当にそうでしょうか。

僕は、この本で、本当のガラパゴスを知っていただくことで、ガラパゴス化という言葉へのマイナス・イメージを払拭(ふっしょく)したいと思います。いや、むしろ、本当のガラパゴスにはライフ(生活、人生、生命)の真実があること、それを知ることで、さらには、ガラパゴス化することで、僕たち人間も幸せなライフを生きられる道標を見つけたいと思うのです。そのために、まず、ガラパゴス化という言葉について少し考えてみましょう。

いまガラパゴスというと、「ガラケー」を思い出すかもしれません。ガラケーとは「ガラパゴス携帯電話」のことです。ケータイはケータイでも、日本という島国の中だけで独自に進化しすぎたことが仇(あだ)になり、大陸(世界)では使えない機能ばかりで、国際競争力がなくなってしまった携帯電話のことをガラケーといいます。この言葉には残念な感じや

マイナスのイメージが込められているのも当然と言えましょう。

それでも、僕の携帯電話はいまでもガラケーです。僕のような情報弱者にはガラケーで十分、日本という島国で生活する分には困らない、いや、むしろ便利です。日本という島国は、少子化で人口が減っているとはいえ、いまだに一億二千万人以上の人口は世界第一〇位、経済力（国内総生産ＧＤＰ）は世界第三位ですので、島国といっても〝大きな島国〟です。

この大きな島国は、ガラケーの市場（マーケット）もそれなりに大きいし、利用者（ユーザー）もそれなりに多いので、ガラケー社会の中だけで快適に暮らせるという現実があります。

僕はさらに、ガラケーはもっと独自に進化し、もっと特化してもよいと思います。大陸進出など考えず、この島国の中だけで使える便利グッズになればいいとさえ思うのです。そもそも「アニメ」や「漫画」がそうでしたよね。もともとは外国（特に米国）のアニメーションやコミックだったものが、日本という島国の中で独自にアニメや漫画に進化しました。そして、大陸に出ても意外と競争力があって、今では日本発の世界文化（グローバルカルチャー）として受け容れられています。

これを逆に世界から見てみると、日本という島国はアニメや漫画という面白い文化を独自に育んだインキュベーター（孵卵器・保育器・培養器）のように見えるのではないでしょうか。他にも、和食や日本酒、侘（わ）び寂（さ）び、おもてなしの心など、独自の文化のインキュベーターであってきました。それを国家事業「クールジャパン戦略」として、特に東京オリンピックに向けて世界に発信したい意図もあるようですね。僕にも「世界の人に知ってほしい」という気持ちがありますが、本当のところ、あまり多くの人に知ってほしくないという、矛盾した気持ちもあります。

その気持ちとは別に、日本の独自性に自家中毒している面も見受けられます。たとえば、東京オリンピック招致で話題になった「おもてなし」。実はこれ、日本の独自文化じゃないのに、僕はうっかり、そう思い込んでいました。インターネット百科事典ウィキペディアの日本語版で「おもてなし」を引いてみると、あまり大したことは書いてありません。英語版の「hospitality（おもてなし）」にはいろいろな国や民族・文化の事例が紹介されていて、世界各地に普遍的心情であることがわかります。そのことを忘れて〝日本の心〟と思い込んでしまうところがまさに「ガラパゴス的」なのだと、僕は自戒したいと思いました。

ガラパゴスも島です。大陸から漂着あるいは飛来した生物は、ガラパゴスの島々で独自に進化し、島ごとに特化していきました。そういう生物を大陸に戻したら、おそらく競争力がなくて、大陸種に負けてしまうことでしょう。

その意味で、ガラパゴスの生物たちも国際競争力に欠けたガラケーみたいなものです。実際、人間が持ち込んだ外来種（イヌ、ネコ、ヤギなど）に負けて、ガラパゴスの固有種が絶滅ないし絶滅寸前に至ったこともあります。

でも、人間が生息場所を破壊したり、天敵（捕食者）を持ち込んだりしなければ、ガラパゴスの生きものにとって、ガラパゴスは楽園(パラダイス)でしょう。ちょうど、僕が日本で暮らすのにガラケーで十分快適なように。

ガラパゴスは、大海原(おおうなばら)に浮かぶ火山島ですが、その立地条件が奇跡的にすばらしいのです。ガラパゴスは大陸から近すぎず遠すぎず、かつ、寒流と暖流が交わる「海流の十字路」にあり、そのことがガラパゴスの陸と海に豊かさをもたらしています。

第一章では、そういうガラパゴスの立地条件を舞台および舞台装置として説明し、その舞台に上がる役者たる生物も紹介し、役者たち（生物たち）が演じる生命ドラマのあらすじを述べます。そう、僕はこの本で「ガラパゴスを舞台にした生命ドラマ」を語りたいのです。第一章はその導入(イントロ)です。

僕の中でガラパゴスは「聖地」です。しかも、三つの観点からの聖地、トリプル聖地なのです。その先鋒として、第二章で**進化論**の聖地としてのガラパゴスを論じます。進化論は生物学における金字塔ですが、それを唱えたチャールズ・ダーウィンが進化論の着想を得たのがガラパゴス。実は、ダーウィンがガラパゴスを訪れたのは偶然の賜物でした。でも、その偶然が幸いし、現代生物学につながる進化論を唱えるに至ったのです。その意味で、すべての現代生物学者にとってガラパゴスは聖地であると、僕には思えるのです。

　進化論は生物学における一九世紀の金字塔ですが、二〇世紀の金字塔を挙げるなら「ＤＮＡ二重らせん構造」の発見（１９５３）と「謎の深海生物」**チューブワーム**の発見（１９７７）だと僕は思います。前者（ＤＮＡ二重らせん構造の発見）は頷けるとして、後者（謎の深海生物の発見）は「何それ？」「なんでチューブワームが？」と思われることでしょう。

　ガラパゴスの海底火山で初めて発見されたチューブワームは本当に驚くべき生物でして、火山ガスをエネルギー源にして生きるという特徴について、第三章「深海の聖地―ガラパゴスリフト」で詳しく説明いたします。

　ガラパゴスの海底火山は、ふつうなら深海砂漠といわれるほど生物が少ない深海にあるのに、むしろ深海オアシスとも呼びたくなるほど、チューブワームはじめ多数の生物が生息しています。同じように、ガラパゴスの海は、ふつうなら海洋砂漠といいたくなるほど生物が少ない大海原にあるのに、むしろ海洋オアシスとでも呼びたくなるほど、ガラパゴスの海は豊饒です。この理由を、**湧昇**という自然現象から、そして、「人間に鉄分が必須であるように、海だって鉄分が必須である」という**鉄仮説**から（仮説の証明にまつわるヒューマン・ドラマと絡ませて）、第四章「豊饒の海の聖地」で説明します。

　最後の第五章では「ガラパゴスと人間のかかわり」について過去と現在を概観し、未来を展望したいと思います。ガラパゴスにとって人間との出会いは不幸の始まりであり、ずっと受難の歴史でした。**海賊**と**捕鯨**のダークサイド（暗黒面）がガラパゴスを痛めつけたのです。

進化論のダーウィンがガラパゴスに上陸したのが１８３５年、その時もまだ捕鯨者たちの蛮行が続いていました。ところが、それから一〇〇年のうちに、ガラパゴスを守ろうという気運が出てきました。ダーウィンの『種の起源』の出版一〇〇周年（１９５９）にはガラパゴス全島が国立公園に指定されるとともに、ガラパゴスにおける科学研究と環境教育を推進するためのチャールズ・ダーウィン財団が設立されたのです。

現在、ガラパゴスは守られています。**観光**および**密漁**による被害という新たな問題も発生していますが、方向性としてガラパゴスはよりよく守られるでしょう。そう、二〇世紀に人間は変わったのです。人間性（ヒューマニティ）が良くなったのです。

一六世紀から一九世紀までは人間のダークサイドが表に出ていましたが、二〇世紀にあった二回の世界大戦を経てようやく、人間の〝善〟の部分が前面に出るようになったのです。ガラパゴスは、そういうヒューマニティの変化、いや、願わくば〝進化〟を映す鏡のような存在です。

だから、人間の未来、ヒューマニティの未来を見たければ、ガラパゴスを見ればよいのです。ガラパゴスの生物にとってガラパゴスが楽園（パラダイス）であれば、人間にとって未来は楽園となる方向にあるでしょう。でも、もしガラパゴスの生物がふたたび人間のせいで傷つき、滅んでしまったら、人間の未来も同じような末路を辿るでしょう。
この本を通して「ガラパゴスは人間の未来をのぞく鏡である」ことをお伝えできたとしたら、ガラパゴスから元気と勇気をもらった僕の、ガラパゴスへの恩返しのひとつになるかなと思いました。

２０１９年11月　『種の起源』出版１６０周年の日に

長沼　毅

目次◆我々はどう進化すべきか
——聖地ガラパゴス諸島の衝撃

はじめに——なぜ、いま、ガラパゴスなのか　1

第一章　ガラパゴスとは

ガラパゴスって、どこにあるの？　16
コロンブスの諸島ガラパゴス　18
ガラパゴスの島々　20
ガラパゴスの気候——海水温の影響　26
海流の十字路　29
豊饒の海——ウミイグアナと海鳥類　33

ガラパゴスの大地――ゾウガメとリクイグアナ　37
ガラパゴスのサボテン　39
スカレシア――草が木になる進化のマジック　40

第二章

ダーウィン「進化論」の聖地

進化論って何がすごいの？――ダーウィンによる科学革命　44
科学革命前夜――祖父（エラズマス・ダーウィン）の進化論　47
孫（チャールズ・ダーウィン）の進化論――変化をともなう系統　49
若きダーウィンのガラパゴス上陸――『種の起源』の起源　51
ダーウィンフィンチ類――進化論のヒントかつ実証例　56
ゾウガメ――ガラパゴス諸島名の起源　60
イグアナ――リクとウミでの進化　65
ペンギンとコバネウ――何かを捨てる進化　69

第三章

深海の聖地――ガラパゴスリフト

火山島をつくるホットスポット　76
島々を移動させるもの――プレートテクトニクス　80
プレートテクトニクスの聖地ガラパゴスリフト　84
世紀の発見チューブワーム　87
奇跡の年１９７９　ガラパゴスリフトと東太平洋海膨
（そして、木星の衛星イオ）　90
チューブワームの秘密――非ダーウィン的な共生進化というマジック　95
生物進化における〝第六のイベント〟　99
ガラパゴスリフト後日談　103
ガラパゴスリフトの保護、開発、そして、海洋環境への影響　107

第四章

豊饒(ほうじょう)の海の聖地――湧昇(ゆうしょう)と鉄

ガラパゴスの海――舞台：海流の十字路　112
ガラパゴスの海――舞台装置：湧昇の十字路　114
ＨＮＬＣ問題から鉄仮説へ　117
鉄散布実験 IronEx I　121
それ以降の鉄散布実験――IronEx II その他　124
マイクロニュートリエントとしての鉄分　130
豊かさの源泉は〝動き〟にあり　133

第五章

ガラパゴスと人間のかかわり――過去、現在、未来

種の絶滅――最後の一個体ロンサム・ジョージ　136
個体群の救世主――スーパー・ディエゴ　139

ガラパゴス受難史——海賊　140
ガラパゴス受難史——捕鯨　143
乱獲の次は自然破壊　145
破壊から保護へ　149
ガラパゴス「保護」のタイムライン　151
日本の海洋保護区（MPA）　155
世界の海洋保護区（MPA）　159
漁業と海洋保護区（MPA）は両立する　161
ガラパゴスの未来　163
文　献　167
おわりに　173

我々はどう進化すべきか

——聖地ガラパゴス諸島の衝撃

第一章

ガラパゴスとは

ガラパゴスって、どこにあるの？

ガラパゴスという言葉は知っていても、それがどこにあるのか、大陸なのか島なのか、わからないかもしれません。僕が広島大学で担当している授業「生物海洋学」の学生たちは、ガラパゴスが島であることは何となく知っていました。でも、その島はどこにあるのか、太平洋か、大西洋か、インド洋かは自信ないようでした。先日も大学院の院生二名に訊いてみたところ、一人はインド洋、もう一人は大西洋と答えてくれました。でも、ガラパゴスがあるのは太平洋です。そして、ひとつの島ではなく、たくさんの島々からなる諸島です。

まずは世界地図で太平洋を眺めてみましょう。太平洋の東部で**赤道**と**西経90度**が交わる辺りにガラパゴスがあります（図1－1）。**赤道**はすぐにわかるでしょうか。赤道は地球を真ん中に横切るヨコ線で、北緯でも南緯でも緯度0度のヨコ線です。有名な都市でいうと、マレー半島の先端にあるシンガポールのすぐ南が赤道です。シンガポールから東へ、インドネシアの島々を通って、太平洋上をずっと東へ東へ、やがて南アメリカ大陸（南米大陸）にぶつかる手前（西）にガラパゴスがあります。どれくらい西かというと一〇〇〇㎞ほど、東京からだと北海道の東端あるいは九州の南端くらいの距離ですね。

ちなみに、ガラパゴスの本国はエクアドル共和国です。エクアドルとは赤道を意味するスペイン語なので、まさに「赤道の国」です。赤道の国の赤道直下の島々、それがガラパ

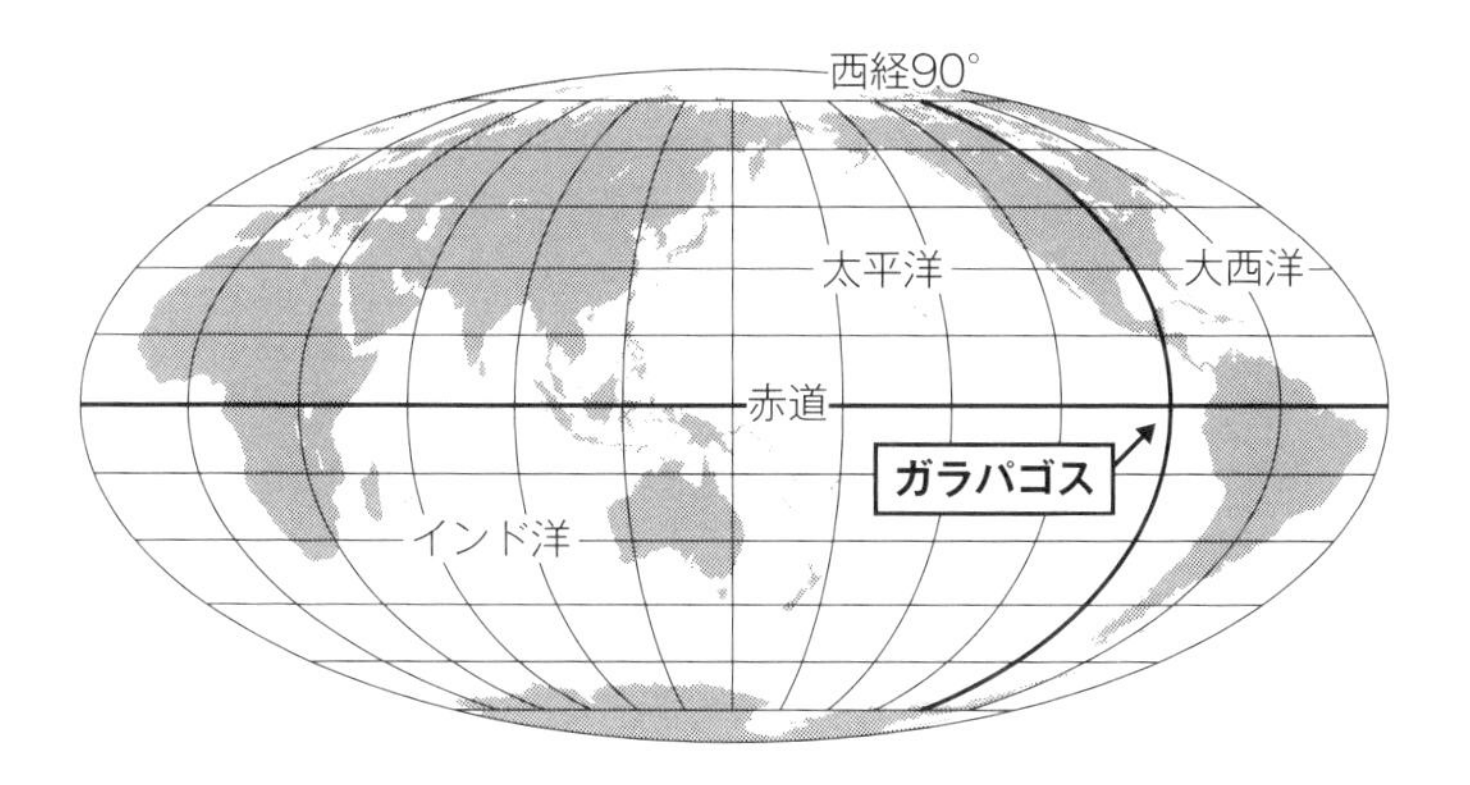

図1-1　ガラパゴス諸島の位置。赤道と西経90度線の交わるところが目安です。

ゴス諸島なのです。

赤道のつぎは**西経90度**のタテ線。それを世界地図でさがすとしたら、僕は北アメリカ(北米)を見ます。ジャズ発祥の地といわれる大都市ニューオーリンズ(アメリカ合衆国ルイジアナ州)の直近に西経90度線があります。そこからメキシコ湾を南下し、メキシコ合衆国のユカタン半島を抜けて太平洋に出て、さらに赤道まで南下すれば、ガラパゴスです。

ガラパゴス諸島の島々は二〇〇㎞以上の範囲に散らばっています。そのため、ガラパゴスから南米大陸までの距離は、先ほど一〇〇〇㎞ほどと述べましたが、実際にはいろいろな数字が挙げられています。そのひとつとして、ガラパゴス諸島というか、ガラパゴス州の州都(プエルト・バケリソ・モレノ)からエクアドル本土の最西端(サリナス)までの距離九七三㎞をあげておきましょう。この州都があるサンクリストバル島は、**進化論**を唱えた**チャールズ・ダーウィン**が初めて上陸した島です。ダーウィンの進化論はここから始まったと言えるかもしれません。

コロンブスの諸島ガラパゴス

ガラパゴスを発見したのはダーウィンではありません。「アメリカ大陸の発見者」とされるクリストファー・コロンブスでもありません。西洋人がガラパゴスを発見したのは

1535年（コロンブス没から二九年後）、スペイン人のカトリック司教を乗せた船が漂流して偶然に見つけたのです。それなのに、ガラパゴスの正式名称はコロンブスにちなんで**コロン諸島**（コロンブスの諸島）とされています。やはり、コロンブスの名声がそれだけ高かったということでしょうか。

ガラパゴスの正式名称「コロン諸島」を英語にするとColumbus Archipelago、コロンブス・**アーキペラゴ**になります。「アーキペラゴ」はあまり聞かない言葉だと思いますが、諸島・群島・列島などと訳されます。「日本列島」はジャパニーズ・アーキペラゴですね。ただし、同じアーキペラゴでも、地質学的にはコロン諸島（ガラパゴス諸島）と日本列島はまったく違います。ガラパゴス諸島は**海洋島**なのに対し、日本列島は**大陸島**だからです。

大陸島はかつて大陸と繋（つな）がっていたことがある島です。たとえば日本列島がそうで、約二〇〇万〜一五〇〇万年前まではユーラシア大陸と繋がっていたことがあります。

それに対して**海洋島**は大陸と繋がったことがない島で、大海原にポツンとあります。たとえばハワイ諸島がそうですが、その中のハワイ島で2018年、キラウェア火山が噴火して二千人以上の住民が避難し、六百戸以上の民家が溶岩に呑み込まれた災害は、まだ記憶に新しいでしょう。この出来事でもわかるように海洋島はほぼ「火山島」です。

海洋島たるガラパゴス諸島もやはり火山島で、やはり2018年にふたつの火山が噴火しました。ガラパゴスの中でも古い島は火山活動が終息して静かですが、若い島々の火山は今でも活動的で、実はそのことがガラパゴスにおける生物進化を促している面もあります。ガラパゴスは、生物学的にも地質学的にも、実にダイナミックな自然界の「進化の実験場」なのです。

ガラパゴスの島々

ガラパゴスが有名なのは、やはり進化論を唱えたチャールズ・ダーウィンに負うところが大でしょう。奇しくもガラパゴス発見からちょうど三〇〇年後(1835)、ダーウィンが二六歳のときガラパゴスで進化論のヒントを得て、五〇歳のとき(1859)、『**種の起源**』を出版して進化論を唱えました。二六歳から五〇歳まで長い時間を要するほどの理論だったのです。その一方で、ガラパゴスに立ち寄った世界一周の記録『**ビーグル号航海記**』は、航海後すぐに出版されました(1839)。その航海記の第二版(1845)の第一七章「ガラパゴス諸島」はこのように書き始められています。

[1835年]9月15日。この諸島には一〇の主要島があり、そのうち五つの大きさは他を圧倒している。これらの島々は赤道直下、アメリカ大陸西岸から五〇〇~六〇〇マイル[訳注:約九〇〇~一一〇〇km]にある。これらの島々はすべて火山岩でできている…大きな島にそびえる火山の火口は巨大で、標高三〇〇〇~四〇〇〇

○フィート〔訳注：約九〇〇〜一二〇〇m〕にもなる…諸島全体で少なくとも二〇〇〇個のクレーター（火口）があるに違いない。〔長沼訳〕注1-1

注1-1　ダーウィンの時代、英国の法定マイル（陸マイル）は一マイル＝一六〇九・三四m＝五二八〇フィートなので、一フィート＝三〇・四八cmになり、山の標高はこれで計算できます。ところが、『ビーグル号航海記』には明記されていませんが、海上では「海里（かいり）」（海マイル）を用いたはずです。ダーウィンの時代の英国では一海里＝一八五三mでした。それを適用すると「五〇〇〜六〇〇マイル」は約九三〇〜一一一〇kmとなり、実際とよく合っています。もし、陸マイル（英国の法定マイル）を適用すると約八〇〇〜約九七〇kmとなり実情と合いません。

ダーウィンの来訪以来、ガラパゴスでは記録されただけで約七〇回の火山噴火がありました。現在でも一三個の活火山がときどき噴火しています。その最高峰はいちばん大きな島（イサベラ島）のウォルフ火山で、標高一七〇七m。しかし、これは海面からの高さであって、本当の山麓である海底からの高さは四〇〇〇mを超えています。

ガラパゴス諸島は大小さまざま一〇〇以上の火山性の島嶼（とうしょ）からなり（島嶼の「嶼」は小島という意味）、島々の総面積は約八〇〇〇km²です注1-2。この総面積が一〇〇以上の島々に分かれているのですが、それは平等ではなく、むしろ「一強」の感があります。その一強とは諸島の西部にあるイサベラ島で約四六〇〇km²、この一島だけで全体の半分以上を占めています（表1－1）。そのイサベラ島を含めたトップ七島（面積一〇〇㎢以上の島々）で全体の九五％以上、トップ一三島（一〇㎢以上）で九八・二％、トップ一九島（一㎢以上）だと九八・三％。つまり、残り一〇〇以上の島々をすべて合わせても総面積の一・七％もない小島ばかりだということがわかるでしょう。

注1－2　ガラパゴス諸島の島数はウェブ百科事典「ウィキペディア」の英語版で一二八、スペイン語版では二三四と記されています。人が住めないほど小さな島や、水面上に岩が出ているだけの岩礁もあるので、数え方に差異が生じるのでしょう。それらの島々をすべて合わせた総面積は約七八八〇㎢（英語版）ないし八〇一〇㎢（スペイン語版）です。ガラパゴス諸島に面積一㎢以上の島は一八（英語版）ないし一九（スペイン語版）あり、そのうち最大のイサベラ島の面積は四六四〇㎢（英語版）ないし四五八八㎢（スペイン語版）と記されています。
Wikipedia 英語版 https://en.wikipedia.org/wiki/Gal%C3%A1pagos_Islands
Wikipedia スペイン語版 https://es.wikipedia.org/wiki/Islas_Gal%C3%A1pagos

これら大小一〇〇以上の島々は広さ四万五〇〇〇㎢の海域に散らばっています（図1－2）。この面積は国際的な取り決めで線引きされた「エクアドル共和国ガラパゴス州」の範囲の面積です **注1－3**。ただ、飛び地のような離れ島を除いたほとんどの島々は、日本でいえば九州（三万六七八二㎢）ほどの面積にほとんどの島々が集まっていますので、実際には「多島海」の風情があります。多島海といえば、瀬戸内海の箱庭みたいな多島美

大きさ順	面積1㎢以上の島	面積（㎢）	総面積への割合
1	イサベラ島	4588	57.3%
2	サンタクルス島	986	12.3%
3	フェルナンディナ島	642	8.0%
4	サンチャゴ島	585	7.3%
5	サンクリストバル島	558	7.0%
6	フロレアナ島	173	2.2%
7	マルチェナ島	130	1.6%
8	エスパニョラ島	60	0.75%
9	ピンタ島	59	0.74%
10	バルトラ島	26	0.32%
11	サンタフェ島	24	0.3%
12	ピンソン島	18	0.22%
13	ヘノベサ島	14	0.17%
14	ラビダ島	5	0.062%
15	ノース・セイモア島	1.8	0.022%
16	ウォルフ島	1.3	0.016%
17	トルトゥガ島	1.3	0.016%
18	バルトロメ島	1.2	0.015%
19	ダーウィン島	1.1	0.013%
	合　計	約7874	98.3%

表1-1　ガラパゴス諸島の主な島（ウィキペディア・スペイン語版より）

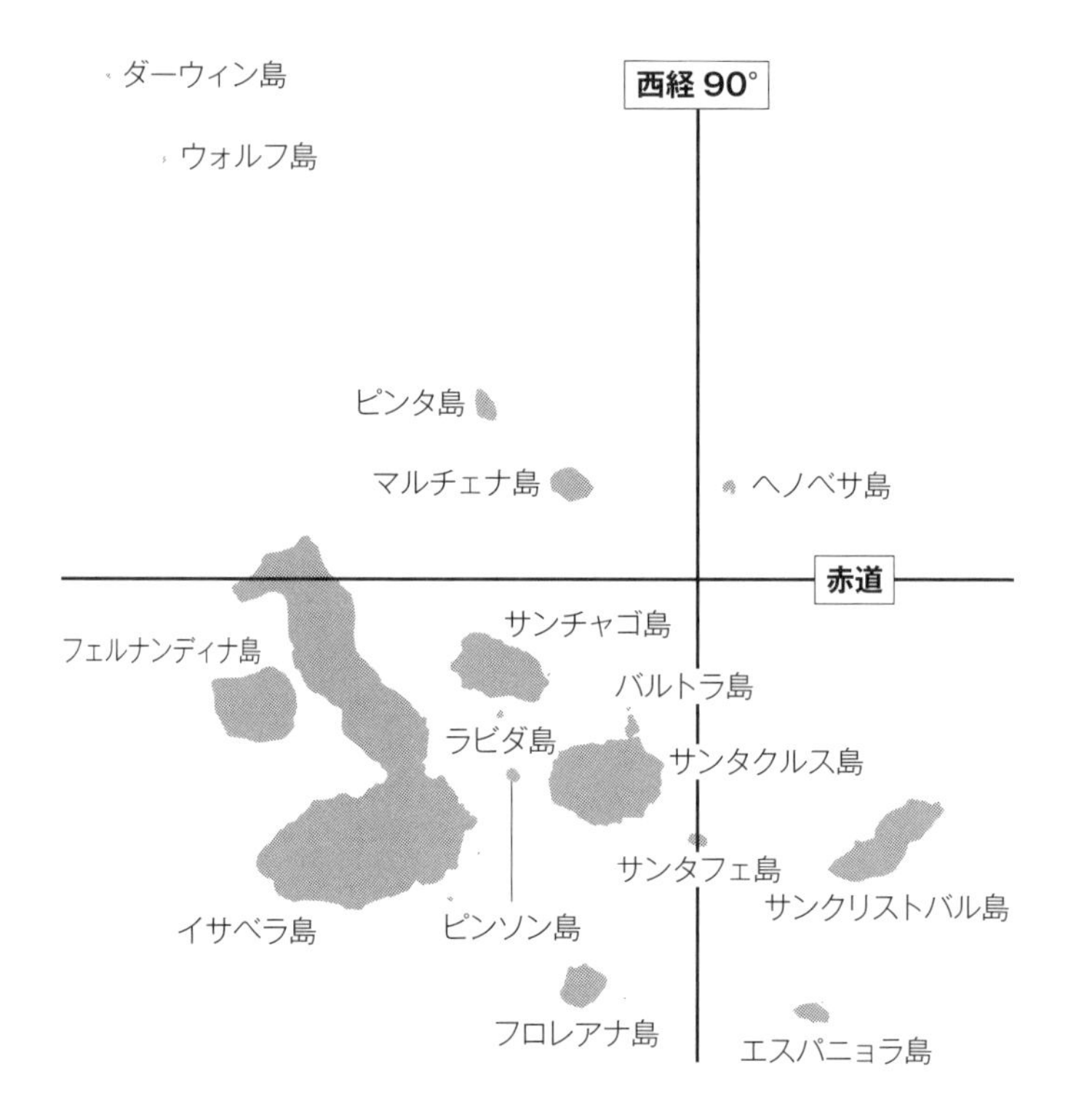

図1-2 ガラパゴス諸島の島々

が世界最高級だと僕は思うのですが、ガラパゴス諸島の多島美は大海原を背景にした多火山島の壮観美！　これは他所では経験できないのではないでしょうか。

注1－3　エクアドル共和国ガラパゴス州の範囲は、ガラパゴス諸島の北端にあるダーウィン島からピンタ島北東端に直線を引き、そこからヘノベサ島の北端へ直線を引き、さらに……、さらに……、そしてフェルナンディナ島西岸の突出部からダーウィン島までというように国際的に細かく決められていて、これらの直線に囲まれた面積が四万五〇〇〇㎢ということです。

こんな奇想天外の多島美を生みだしたのは、地球の営みである**プレートテクトニクス**です。これは地球科学の詳しい説明が必要なのですが、それは**第三章**でやさしく説明します。ともあれ、「進化の実験場」である火山諸島（ガラパゴス諸島）は地球の営み「プレートテクトニクス」によってつくられました。そのことから生物進化は、**第二章**で述べる「突然変異と自然選択」によって起こるだけでなく、**第三章**で述べる地球の営み「プレートテクトニクス」の影響を受けていることも察せられるでしょう。したがって、ガラパゴスを学ぶこと（ガラパゴス学）は、生物学と地球科学の両方にわたって幅広い知識を得られる、実にお得な学びだと思います。

ガラパゴスの気候——海水温の影響

ふたたびダーウィンの『ビーグル号航海記』の第一七章「ガラパゴス諸島」から。

…これらの島々は赤道直下にあるのだが、気候は猛暑とほど遠い。これはもっぱら南極由来の海流がもたらす低水温のせいであろう。

ガラパゴスは赤道直下にあるので、さぞ蒸し暑いだろうと僕は思っていました。ところが、日差しこそ灼けつくように強烈なのですが、空気は意外とひんやり、むしろ長袖が欲しいくらいの涼しさです。僕がガラパゴスに行ったのは八月でした。後で知ったのですが、八月は「ガルア」と呼ばれる、一年のうちでも涼しい時期（六〜一一月）のど真ん中でした。

この時期、特に九月から一〇月、ガラパゴスの海水温は一九度（℃）まで下がります。冷たい海は蒸発量が少ないので雨も少なく、どちらかというと乾季です。それでも、しばしば濃霧がたちこめて幻想的な風景になりますが、気温は二二度そこそこで、朝夕には肌寒さを感じます。もし、夏休み（七〜九月）にガラパゴス旅行を計画するなら、長袖を持っていくことをお勧めします。

一方、僕は未経験ですが、一二月から五月は温かいそうです。二月から三月には気温が三〇度にもなるそうで、これなら半袖シャツがふさわしいですね。この時期は海水温も三〇度まで上がります。海水温が上がると蒸発量も増え、雨も多くなります。したがって一二月から五月のガラパゴスは、どちらかというと雨季です。陸地には恵みの雨が降ります。

ガラパゴスの降水量は、場所や高度によって異なりますが、だいたい年間五〇〇㎜以下から三〇〇㎜ほど。日本はだいたい一七〇〇㎜くらいです（意外なことに、日本の年間降水量の全国平均の平年値は、公的には明示されていません）。ガラパゴスの雨の半分は二月から三月に降りますので、たとえば、卒業旅行（二～三月）でガラパゴス行きを考えるなら、半袖シャツとともにしっかりした傘やレインコートなどの雨具も準備したほうがいいですね。

ガラパゴスの気候は海水温の影響を大きく受けています。雨季（温暖期）と乾季（冷涼期）という季節的な変動だけでなく、**エルニーニョ**として知られる数年性の変動にもみられます。エルニーニョはペルー沖からエクアドル沖の海水温が上がる海洋現象で、ガラパゴスでも海水温が高くなります。エルニーニョという名称の由来は、一二月の海水温が異常に高いことに気づいた漁師が、一二月はキリストの誕生日（クリスマス）の月なので、スペイン語で「男の子」（神の御子）を意味するエルニーニョという言葉を当てたことだそうです。

エルニーニョはキリストが生まれる前から、少なくとも数千年前から発生していました。

サンゴに残された記録では一万三〇〇〇年前にもエルニーニョの痕跡があったそうです。また、過去一〇〇年ほどの観測から、エルニーニョは二年から七年の間隔で不規則的に発生し、いったん発生すると数ヶ月から二年ほど続くことがわかっています。そのうち最大級のエルニーニョはつい最近の「２０１４－２０１６エルニーニョ」でした。名前のとおり２０１４年５月から２０１６年６月まで二年以上にわたって発生し、特に後半の２０１５－２０１６は「ゴジラ・エルニーニョ」とも呼ばれたほどでした。

　直近では、２０１８年11月にエルニーニョが発生しましたが、平成から令和に替わって、２０１９年７月に終息したことを、日本の気象庁が発表しました。では、それまでの間、エルニーニョではなかったのでしょうか。そうです、ゴジラ・エルニーニョからそれまでの期間はノン・エルニーニョでした。ただし、この状態を指す言葉としては、ノン・エルニーニョではなく、**ラニーニャ**という言葉が用いられています。これもまたスペイン語でして、こちらは「女の子」を意味します。

　エルニーニョが発生すると、ガラパゴスの海は温かくなり、島にも恵みの雨が降って植物がよく育ち、それを食べる草食性の動物――ゾウガメやリクイグアナなど――も元気になって繁殖します。しかし、後述するようにガラパゴスの海は冷たいほうが「豊饒の海」なので、海水温が高いエルニーニョ状態だとガラパゴスの海はかえって貧栄養になり、ウミイグアナや海鳥類は元気がなくなり、繁殖力も低下してしまいます。

ガラパゴスの海の水温は、ガラパゴスの気候に直接的に影響するとともに、ガラパゴスの生きものたちの栄枯盛衰を支配するというか、生殺与奪の力を持っているのです。

海流の十字路

僕が広島大学で担当している授業のひとつに「生物海洋学」があります。よく海洋生物学と間違われますが、生物海洋学は「海を舞台にした生命ドラマ」を研究する学問分野です。それを噛みくだいていうと、〝ドラマ〟なのでまず舞台ですね。舞台は「海」です。そして、舞台装置はエルニーニョなどの「海洋現象」です。ドラマを演じる役者はもちろん「海洋生物」ですね。そして、このドラマの醍醐味であるシナリオは「食物連鎖」です。これらのドラマ要素を解説したうえで、このドラマを鑑賞するのが、僕の生物海洋学の授業なのです。

実は、ガラパゴスの海は、ここだけで生物海洋学ドラマを鑑賞するための舞台、舞台装置、役者、シナリオがそろっています。つまり、ガラパゴスだけでいけるのです。それで、僕は最近、ガラパゴスを題材にして生物海洋学の授業をするようになりました。ここでは「ガラパゴスだけでいける」ということを説明しましょう。

まず、舞台たる「海」をただの水体（ウォーターボディ）としてではなく、いくつかに分かれた〝水の塊（かたまり）〟として認識します。専門用語では**水塊**（すいかい）と呼びます。

水は　たくさんに　割れているんだ。
冷たさや　濃さや　動く向きの違う　塊がある。
（五十嵐大介『海獣の子供』第二巻より）

ガラパゴスの水塊について、その「なりたち」から見てみましょう。僕にとって「なりたち」という言葉は実に含蓄ある単語で、英語にするとhistory（歴史）、origin（起源）、structure（構造）、organization（組織）、elements（要素）などなど、文脈に合わせてどれかの訳語を当てることになります。ガラパゴスの水塊については、その起源と要素と構造について説明しましょう。

一般に海というと、ただ大量に水があって、風が吹けば波が立ち、地震が起きれば津波が発生するというくらいの認識ではないでしょうか。とても大きな〝たらい〟に水が入っているイメージです。でも、そこに入っているのは一様で均質な水体ではありません。むしろ、起源が異なるいろいろな水塊が交ざり合っていることが多いです。〝混ざる〟より〝交ざる〟ですね。前者はやがて均質になりますが、後者は異質なまま一緒にいるのです。日本でいうと、暖流の「黒潮」と寒流の「親潮」がぶつかる**潮目**（**潮境**）がありますが、ここで黒潮と親潮が混ざって均質な〝黒親潮〟になることはなく、多少の混合があるとしても、黒潮は黒潮のまま、親潮は親潮のままなのです。

　ガラパゴスの海も、いってみれば、大きな潮目です。しかも、二つや三つの**海流**（水塊）ではなく、四つまたは五つ、説によっては七つの海流がぶつかるグランド・ジャンクション（大きな交差点）です。こんな海、ほかに世界のどこにあるでしょうか。ここでは五つの海流として、簡単に説明しましょう（図1－3）。名前をあげると、ペルー海流（フンボルト海流）、南赤道海流、北赤道反流、パナマ海流、そして、赤道潜流（クロムウェル海流）の五つです。

　まず一つめは**ペルー海流**。冷たい南極海が起源で、南米大陸の西岸に沿って北上してくる寒流です。１８４６年にドイツの冒険科学者アレクサンダー・フォン・フンボルトが（当時七七歳）が報告したので**フンボルト海流**とも呼ばれます。ただし、フンボルトが実際に航海したのは三〇～三五歳のときでした。この寒流は八月から一〇月にかけてガラパゴスで強勢になります。低水温のため蒸発量が少なく、陸上には乾季をもたらしますが、海の生物にとっては後で述べる「豊饒（ほうじょう）の海」の源でもあります。

　二つめは、赤道付近の水塊がフンボルト海流と合流しつつ西進してくる**南赤道海流**（本書では単に赤道海流ということもあります）。

　三つめは、南赤道海流と逆向きの**北赤道反流**（本書では単に赤道反流ということもあります）で、これは東進する暖流です。

図1-3　ガラパゴス海域とそこに流れ込んでくる五つの海流。おそらくフンボルト海流がペンギンとゾウガメを運び、パナマ海流がイグアナを運び込んできたと考えられています。クロムウェル海流は深層流なので目立ちませんが、ガラパゴスの海を「豊饒の海」にしている重要な海流です。

四つめは、北赤道反流が東進した結果、中央アメリカの陸塊に当たって反転してガラパゴスに押し寄せてくる**パナマ海流**。これが三月を中心にガラパゴスで強勢になると、ガラパゴスは雨季になり恵みの雨が降ります。

そして、最後の五つめは、目立たないけどとても重要な**赤道潜流**。よく目立つ表層流（南赤道海流や北赤道反流）の下、およそ一〇〇ｍより深いところを東進する深層流のことで、別名は**クロムウェル海流**です。深層流は調べにくいのであまり知られていませんが、実は、赤道潜流＝クロムウェル海流は地球有数の大海流なのです。１９５２年にこれを発見したアメリカの海洋学者タウンゼント・クロムウェルにちなんで命名されたのですが、クロムウェル自身はこの発見の六年後、三五歳で早世したことが惜しまれます。

豊饒の海――ウミイグアナと海鳥類

さて、ここまで暖流と寒流、表層流と深層流など、五つの海流がでてきました。おさらいすると、ペルー海流（フンボルト海流）、南赤道海流（赤道海流）、北赤道反流（赤道反流）、パナマ海流、赤道潜流（クロムウェル海流）の五つでした。これらが季節的な数ヶ月の周期で、あるいは数年から十数年の周期で交互に優勢・劣勢になります。そのため、ガラパゴスは本来なら赤道直下で常夏の島であるはずなのに、寒暖・乾湿の季節性や気候変動がもたらされます。そして、さらに重要なのは、フンボルト海流とクロムウェル海流が「豊饒の海」をもたらすことです。

温かい表層流（赤道海流、赤道反流、パナマ海流）はダイビングに好適な澄んだ水塊をもたらしますが、実のところ「水清くして魚住まず」というように、清澄さは生物が少ないことの裏返しであり、豊饒どころか貧栄養の海をもたらします。むしろ、海の栄養分（窒素やリンなど）は深層に眠っていて、それが**湧昇**（ゆうしょう）という海洋現象で表層に上がってくると豊饒の海になるのです（**第四章**）。湧昇は、深層水が表層へ上がってくる現象です。

フンボルト海流では、地球の自転のせいで南米大陸から離れるように表層水が動き、それを補うように深層水が表層へ上がってきます。このことを**沿岸湧昇**といいます。これとは別に、深層のクロムウェル海流はガラパゴスの火山諸島に当たって、海底火山の斜面に沿って湧昇します。深層流が海洋島（火山島）に衝突して起こる湧昇で、僕の造語では**島**（しま）**塊**（くれ）**効果**といいます。

さらに、ガラパゴスに吹く強い貿易風（東風）によって表層水が西へ西へと追い払われると、それを補うように深層水が湧昇します。これは、僕の造語ではなく専門用語として、**島陰**（しまかげ）**効果**といいます。

これらの湧昇水が入ってくる海域は、水は冷たいですが富栄養で生物も多い、まさに豊饒の海になります。この湧昇という海洋現象こそ、ガラパゴスの海の生命ドラマ（生物海洋学）を駆動する〝舞台装置〟なのです。

海を舞台とした生命ドラマ。ガラパゴスの海の生命ドラマには、実にいい役者が揃っています。その中でも、僕の一押しは**ウミイグアナ**です。ガラパゴスの**固有種**で、太くてたくましい頭と首、一ｍほどもある全長の半分以上を占める強そうな尻尾、そして、棘々(とげとげ)した鱗(うろこ)が並んでギザギザした背中は、まるで恐竜かゴジラを思わせます。しかし、ウミイグアナは恐ろしい捕食者ではなく、むしろ、おとなしい**海藻食者**です。メスや小さなオスは潮間帯で引潮(ひきしお)のときに現れる海藻（緑藻や紅藻）を食べるし、大きなオスは海底に潜って食べます。この海藻食は他種との競合がないので、ウミイグアナには食べ放題の天国状態です。

その一方で、変温動物のウミイグアナにとって、ここの海は冷たすぎます。だから午前中は日光浴して体を温めておきます。ウミイグアナの黒っぽい体色は太陽熱を受ける適応でしょう。こうして体を温めておいても、海に入ると体温が下がり、やがて動けなくなります。まだ動けるぎりぎりのところで陸に戻るのですが、荒い波浪に翻弄されて上陸に失敗すると、帰らぬ人、いや帰らぬイグアナになってしまいます。食べ放題だけど冷たい海でぎりぎりの生を生きる、そんなウミイグアナが僕には愛おしく思えるのです。

豊饒の海の役者には他にも海鳥類と海産哺乳類（アシカ、オットセイ、イルカ、シャチなど）などがいます。アシカやオットセイの母子の授乳風景がほほ笑ましく思えたのは、僕もやはり哺乳類だからでしょうか。その一方で、イルカやシャチは、陸に戻ろうとする

ウミイグアナ

ウミイグアナを遊び半分で邪魔しますし、アシカやオットセイを遊びで追いかけ回してから捕食するという意地悪な性質が垣間(かいま)見えたので、僕はあまり好きになれませんでした。

海鳥類は、僕には〝鳥は恐竜の子孫だから怖い〟という思い込みがあったのですが、アオアシカツオドリの青足ダンスの大真面目な軽妙さや、グンカンドリの赤提灯のような喉袋の大仰ぶりに、自然と笑みがこぼれてきました。しかし、彼らは必ずしもガラパゴスで固有に進化したわけではありません、他の島や大陸にもいます。僕の心に刺さったのはガラパゴス固有種の**コバネウ**（小羽鵜）でした。

コバネウは上空から海にダイビングする派手な**潜水鳥**ではなく、飛べないペンギンのように陸から海にドボンと入る地味な潜水鳥です。意外なことに赤道直下のガラパゴスにもペンギンがいるのですが、僕はペンギンよりコバネウのほうに思いを寄せてしまいます。それは、コバネウの「巣」のせいです。巣をつくる材料も入手困難なのに、どうにかして巣をつくり、糞尿でもって巣の内側をモルタル塗りするのは、汚そうなイメージが浮かぶかもしれませんが、実際には、その質素な巣には清潔感があり、荘厳さすらも感じたのです。コバネウのライフ（生活、人生、生命）の必死さが伝わってくるようでした。

ガラパゴスの大地――ゾウガメとリクイグアナ

ガラパゴスの生命ドラマは海だけでなく、陸上にもあります。陸上の覇者は、ふつうなら哺乳類ですが、ガラパゴスでは爬虫類です。そして、ガラパゴスの爬虫類の中でも、特に目立つのは**リクイグアナ**と**ゾウガメ**です。ゾウガメは体長が一m以上にもなる大きなリクガメのことで、そもそも「ガラパゴス」（単数形はガラパゴ）という地名はもともとスペイン語でリクガメのことなのです。英語ではリクガメと水に入るカメを区別していて、前者はトータス、後者はタートルなので、ゾウガメは前者をとってジャイアント・トータスといいます。

ゾウガメは巨体だけどおとなしい**草食性**です。草や低木、サボテンなどの葉・花・実などを食べます。甲羅の形によっては首を高く上げることができ、高いところの葉を食べられる個体もいますが、そうでない個体は低い草や地面に落ちた実を食べるしかありません。このようなゾウガメの甲羅の形の多様性を見て、チャールズ・ダーウィンは「進化論」の着想を得たのですが、その話は**第二章**で詳しく触れるとして、ここでは、甲羅の形と食性

ゾウガメ

リクイグアナ

の関連性を述べるにとどめます。

　ゾウガメと同様、リクイグアナも草食性ですが、場合によっては昆虫や腐肉を食べることもあります。過去にリクイグアナの一派が食を海に求めてウミイグアナに分岐しました。それは遺伝子解析によると四五〇〇万～五五〇〇万年前だと考えられています。そもそも、ガラパゴスに（おそらくメキシコから）イグアナがやって来たのは八〇〇万～一〇〇〇万年前のことと考えられています。このことはゾウガメにも当てはまって、ゾウガメの祖先が南米大陸からガラパゴスに漂着した年代も約六〇〇万～一二〇〇万年前と考えられています。

　ガラパゴス諸島でいちばん古いエスパニョラ島ができたのは三五〇万～五〇〇万年前のこと。これ以前にも、たとえば一〇〇〇万年前にも火山島はあったのですが、やがて水面下に没してしまったと考えられています。ゾウガメやリクイグアナの祖先はそういう過去の火山島に漂着し、その島で進化しつつ、かつ、沈みゆく島から別の島へと移住しつつ、ガラパゴスの固有種へと変貌したのでしょう。

ガラパゴスのサボテン

ガラパゴスの大地はもともと火山島なので、本来は溶岩だらけの荒れ地です。しかし、いくら火山島といえども時間が経てば、雨が降りやすい場所には草が生えて草原となり、木も生えて森林となります。ガラパゴスでよく目立つ植物には**サボテン**、そして、あまり聞いたことがないでしょうけど、**スカレシア**というキク科の植物があります。ここではまずサボテンついて簡単に説明しましょう。

ガラパゴスには固有のサボテンが三属あります。ヨウガンサボテン、ハシラサボテン、ウチワサボテンの三属です〔それぞれの名前の先頭に〝ガラパゴス〟を付ければ正式な和名属名になります〕。溶岩に生えるヨウガンサボテンはせいぜい六〇㎝ですし、寿命も数年と短いですが、それが数本から数百本も生える群落は、僕には「ムーミン・シリーズ」に出てくる「ニョロニョロ」（英語 Hattifatteners）のようで可愛く思えました。可愛いけれど、パホイホイ溶岩やアア溶岩など〔これらの専門用語の説明は省きます〕、荒々しい剝（む）きだしの溶岩の地面に最初に生える、たくましいサボテンでもあります。

一方、ハシラサボテンは電柱のように高く伸び、その落ちた実をゾウガメやリクイグアナが食べます。ウチワサボテンは団扇（うちわ）のような葉が採食されるので、できるだけ採食されないように高く伸び、葉も高いところに付いています。逆に、ゾウガメやリクイグアナがいないところでは、わざわざ高く伸びず、地面を低く這（は）うように生長します。採食者の有無で伸び方が変わるのです。

ところで、サボテンの採食者は、あの棘が痛くないのでしょうか。もし人間が食べたら痛いでしょうね（人間がサボテンを食べる映像がYouTubeにあります）。乾燥地に生きるラクダもサボテンを食べますが、とても注意深く、痛みに耐えつつ食べるそうです。米国の俳優マーロン・ブランドは「想像できる中でいちばんおぞましいのはラクダの口の中だ」と言いました。その写真を見たことがありますが、確かに「これならサボテン食もあり得るな」と思ったほどでした。ゾウガメやリクイグアナの口の中を見たことはありませんが、彼らも注意深く、痛みに耐えてサボテンを食べているのではないでしょうか。

スカレシア――草が木になる進化のマジック

最後にスカレシア。この名前はほとんど知られていないでしょう。僕もガラパゴスで初めて知りました。スカレシアはキク科植物の一属（スカレシア属）で、種数には諸説ありますが、ここでは暫定的に一五種としておきましょう。すべてガラパゴスの固有種です。キク科植物と聞くと草本（そうほん）、いわゆる草を思うでしょうけど、スカレシアは木本（もくほん）、いわゆる木です。では「木」の定義は何でしょう。正直なところ、「木」の生物学的な定義はありません。ただ、感覚的に〝硬くて多年生で年輪があるもの〟が木と呼ばれていますし、逆に〝軟らかくて一年生で年輪がないもの〟が草になるわけですが、例外もたくさんあります。たとえば、竹は木でしょうか草でしょうか。竹は、茎は木質ですが、年輪がない点は草っぽい、つまり、木と草の間みたいな存在です。

その点、スカレシアは十分に〝木〟とみなすことができます。そう、スカレシアは「木になったキク」なのです。しかも、ただ草が木になっただけでなく、ガラパゴスの島々の彼方此方（あちこち）でいろいろな形の木になりました。ガラパゴス固有の暫定一五種には、人の背丈もない灌木（かんぼく）（低木）から、高さ二〇ｍにもなる喬木（きょうぼく）（高木）まで、いろいろあるのです。これもまたガラパゴスにおける〝進化のマジック〟の一例といえましょう。進化論の聖鳥**ダーウィンフィンチ**にちなんで、スカレシアが「植物界のダーウィンフィンチ」と呼ばれる所以（ゆえん）でもあります。

スカレシアの高木（*Scalesia pedunculata*）はビル七階相当の高さ二〇ｍになりますが、太さは〝胸の高さの直径〟で二〇㎝ほどしかありません。つまり、とてもスリムな高木なのです。スリムなので一本々々は華奢（きゃしゃ）にみえますが、これがたくさん生えて森をつくる風景は壮観でした。ガラパゴスがある赤道域は貿易風（東風）が吹いています。湿気のある東風があたる島の東側の、標高四〇〇～七〇〇ｍの高地に、スカレシアの森が広がっています。霧がかかったときの光景はとても幻想的で、ここは地球のどこなのか、わからなくなってしまうほどでした。まさか、赤道直下の太平洋の火山島だなんて信じられないくらいに。

スカレシアの森

ここまで、ガラパゴスにおける〝進化のマジック〟を数例ほど挙げました。これらは一八〇年以上前に、まだ進化論以前の若きチャールズ・ダーウィンに重要なインスピレーションを与えました。そして、二一世紀のいまでも生物学者に斬新なインスピレーションを与えつづけています。だから、ガラパゴスは「進化論の聖地」なのです。次の**第二章**では、生物の進化についてさらに学んでみましょう。

第二章

ダーウィン「進化論」の聖地

進化論って何がすごいの？——ダーウィンによる科学革命

進化論という言葉は知っていても、何がすごいのか、よく分からないかもしれません。この章は、進化論のすごさから始めましょう。

二一世紀に生きる僕たちにとって「進化」は自明の自然の理(ことわり)です。しかし、一六〇年前（１８５９）にチャールズ・ダーウィンが進化論を唱えるまで、それは自明でもなければ自然の理でもありませんでした。それまでは、生きものはみな〝神の創造(クリエーション)〟による創造物(クリーチャー)であり、神様がデザインした形態で成長し、行動し、繁殖すると考えられていたのです。どの生きものも神様の創造物なのだからすでに完璧で不変のはずです。だから、より優れたレベルへと発展することもなく、まして変化するはずもありませんでした。しかし、チャールズ・ダーウィンはそれに異を唱えたところがすごかったのです。[文献1] 親友の植物学者ジョセフ・ダルトン・フッカーに宛てた手紙（１８４４）の中で「私は種が不変ではないことをほぼ確信しています、まるで殺人を告白するようなものですが」と吐露したくらいに。

生物間に多少の**変異**があることはダーウィン以前にも知られていました。しかし、ダーウィン以前の時代はまだ神様への信仰が厚く、変異があるとしても、それは神様がデザインした変異が整然と並べられたものだと思われていたのです。それに対してダーウィンがすごかったのは「変異は自然発生的で、ランダム・無方向・無目的に起こる」と考えたことです。この考えは二〇世紀になって**遺伝子突然変異**の発見によって裏付けられました。生物はもはや不変ではないし、完成形でもないので、それを保証した神様の権威も揺らいでしまいました。このことがパラダイムシフト、つまり科学革命だったのです。

さらに革命的だったのは、もし変異が生じたとしても、それには目的も方向性もないと考えたことです。たとえば「高いところの葉を食べるために、キリンの首が伸びた」というのではなく、「たまたま首が長くなった変異体が結果的に高いところの葉を食べるようになった」と考えるのです。

生物界では変異体がいつも自然発生していますし、自然界では環境状態がつねに変化しています。そして、そのときの環境状態に適した変異体がよりよく生き延び、より多くの子孫を残します。いわゆる**適者生存**や**自然選択**ですね。ここでいう〝選択〟とは適者が生き残ることです。そうでない者は〝淘汰〟されて滅びるのです。自然界には慈悲の面もありますが、淘汰という無慈悲な面もあるのです。

ここで変異（遺伝子突然変異）の原動力を考えてみましょう。生物は自分の遺伝子をコピーして増えます。コピーするとき、少しだけミスコピーするので変異体が生じます。ミスコピーは自然現象で、勝手に起こります。遺伝子の物質的実体である**DNA**（デオキシリボ核酸）にミスコピーする性質があるのです。逆に言うと、もしDNAがミスコピーしなかったら変異体も生まれません。そうしたら生物はここまで進化しなかったでしょう。

でも、生物界におけるＤＮＡのコピーには千分の一から百万分の一のミスコピーがつきまといます。これは、人間界のバイオテクノロジーにおいては厄介ものですが、生物界においては進化の原動力なのです。

　ダーウィンはこの原動力を知りませんでしたが、それがもたらす「変異」の本質と重要性を見抜いていました。そして、変異体そのものはランダム（無方向、無目的）に生じるのだけど、それに対して自然環境から「選択圧」あるいは「淘汰圧」がかかることによって、結果的に「方向づけ」されることも見抜いていました。そう、進化とは、神様の計画でも目的でもない、自然発生的で無慈悲な選択と淘汰の「結果」なのです。

　僕たち人間は、この無慈悲な進化の**現時点での**結果として存在しています。そして、これからも無慈悲な選択と淘汰にさらされて絶滅するか、あるいは、新種へと進化していくのです。いろいろなＳＦ作品に登場する新人類とかニュータイプとかミュータントとか、かれらはどういう選択や淘汰にさらされるでしょうか。これまでは自然環境の選択圧や淘汰圧が重要でしたが、これからは人間自身が人間に選択圧・淘汰圧をかけることになるでしょう。まさにＳＦ的な未来の新・科学革命です。さすがのダーウィンもここまで考えてはいなかったでしょうけど。

科学革命前夜――祖父（エラズマス・ダーウィン）の進化論

では、その進化論で説かれた「進化」とは何なのか、おさらいしましょう。まず、進化の前段は「変化」です（進化の後段は「選択」です）。変化の原動力は「遺伝子の突然変異」、もう少し詳しくいうと「遺伝子の本体であるＤＮＡが複製（コピー）するときに自然に起こるエラー（ミスコピー）」です。ＤＮＡのコピーは化学反応なので、生物の体内だけでなく、試験管の中でも起きます。そして、ＤＮＡのミスコピーはランダムに起こりがちで、方向性や目的性はありません。このことは現代では当然のように思えますが、ダーウィンの時代には自明ではありませんでした。

実はダーウィン以前にも「生きもの（生物種）は変化する」という発想はありました。それは「生物変移説」（転成説）と呼ばれるものでした。この説は「神様が創造した生きものは不変である」とするキリスト教の教義に背くので、当時、生物変移説を唱えた人はよほど強い信念をもっていたのでしょう。その一人はなんとチャールズ・ダーウィンの祖父エラズマス・ダーウィンでした。

チャールズの祖父は高名な医師で、かつ、詩を詠む博物学者でしたが、チャールズが生まれる七年前に没したので、祖父とチャールズが一緒に遊んだり話をしたりすることはありませんでした。しかし、祖父の本を読むことで祖父の考え（生物変移説）に触れていたことは、チャールズが進化論を構築するうえで重要な基礎になったはずです。

図2-1　エボリューション（進化）とレボリューション（革命）を語呂合わせした図案。ガラパゴスのバルトラ空港で売っていたTシャツのデザインです。進化論を唱えたチャールズ・ダーウィンを革命家チェ・ゲバラに似せています。

　ちなみに〝進化〟という意味で英語の〝エボリューション〟evolution を使ったのは祖父エラズマス・ダーウィンです。でも、孫のチャールズはこの言葉がむしろ嫌いだったようで、『種の起源』でも第五版になってやっと出てきたほど。そもそもエボリューションという言葉は、一七世紀の英語で〝巻物を展開すること〟という意味で使われていて、当時は信じられていた、しかし誤りであった個体発生説（精子に収納されたミニ人間（ホムンクルス）が展開するなど）にも使われたのがチャールズのお気に召さなかったのでしょう。

　でも、祖父のエラズマスはあまり気にせずにエボリューションを使っていました。しかも、進化とは似て非なる〝進歩〟の意味も込めて。これは僕の邪推かもしれませんが、英語で〝革命〟を意味する〝レボリューション〟revolution との語呂合わせもあったのではないでしょうか（図2−1）。

エラズマスは「ルナー・ソサイエティ」という秘密結社の創始者の一人でした。秘密結社といっても犯罪組織ではなく、知識人や実業家などの私的な交流会でした。時はまさに産業革命、蒸気機関を実用化したジェームズ・ワットも会員でした。アメリカ独立革命（1775－1783）を率いたベンジャミン・フランクリンも関わっていましたし、酸素を発見した化学者ジョセフ・プリーストリーも会員でフランス革命（1789）を支持しました。このようにレボリューション（革命）と深く関わっていたエラズマス・ダーウィンにとって、エボリューション（進化、進歩）という言葉には親近感があったのではないでしょうか。

孫（チャールズ・ダーウィン）の進化論――変化をともなう系統

孫のチャールズはなかなかエボリューション（進化、進歩）という言葉を使わず、むしろ、「変化をともなう系統（血統）」descent with modification というフレーズを多用しました。祖先から子孫までの系統において変化があるということです。学問的には「系統学」という分野があるくらいです。でも、それだったら、系統は一本の直線でもいいですよね。直線的に変化すればよいのですから。しかし、チャールズは「一つの点からの分岐」つまり「共通祖先からの分岐」というアイデアを思いつきました。樹木でいえば幹からたくさんの枝がでて、そこからさらにたくさん枝分かれするような感じです（図2－

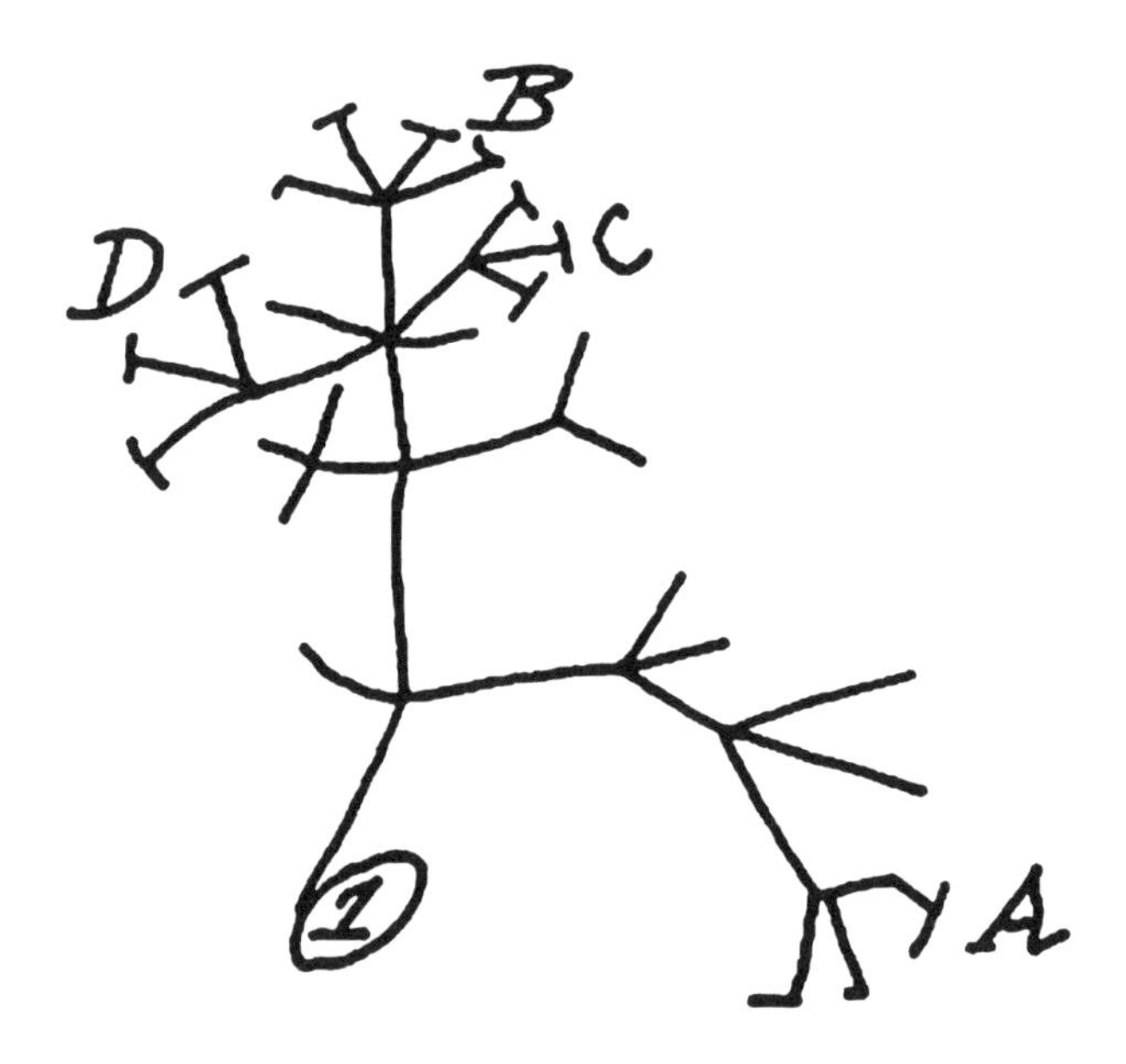

図2-2　チャールズ・ダーウィン手描きの「進化の樹」(1937)。ひとつの共通祖先から子孫たる新種が枝分かれしていくことがわかります。左上に記された「I think」がアイデアの斬新さを物語っています。

2）。このような樹状図は現在では**系統樹**あるいは**進化の樹**と呼ばれています。

チャールズが**分岐**を重要視したのは慧眼でした。分岐というアイデアによってたくさんの変異体を**共通祖先**の下にまとめられるからです。自然界は多数の変異体をつくり、変異と選択の結果、少しずつ異なる種が分化してきます。このことを**適応放散**といいます。

チャールズ・ダーウィンが「変異」に着目し、その意味を考え抜いた末に「共通祖先からの分岐」そして「適応放散」という着想を得たのは、まさにガラパゴスでの強烈な体験からでした。そのことはダーウィン自身が「進化の樹」（図2－2）を手描きしたのが「ビーグル号航海」直後の1837年だったことからもわかります。それでは、ダーウィンがガラパゴスで見たものを、僕たちも追いかけてみましょう。

若きダーウィンのガラパゴス上陸──『種の起源』の起源

そもそも、ダーウィンがガラパゴス諸島に行けたのは偶然の僥倖（ぎょうこう）（セレンディピティ）でした。まず、イギリス海軍の軍艦ビーグル号による世界一周航海（1831～1836）に参加できたこと自体が超ラッキーだったのです 注2－1 。その上、この大航海の主な目的は南米大陸南部の水路調査で、もし、それがうまくいったら、副次的に太平洋の島々を調査するかもしれないという程度でした。つまり、ガラパゴス諸島には行かない可能性もあったのです。だから、ガラパゴスに行けたことは実に好運だったのです。

注2－1 ビーグル号の艦長は航海中の個人的な話し相手を求めていましたが、その条件は、裕福な上流階級で、かつ、博物学者であることでした。もともとはダーウィンの恩師にそのお誘いがあったのですが、恩師の奥さまが反対したため、弟子のダーウィンが推薦されたのです。幸いにしてダーウィンは条件に合っていたので採用されました。もし、艦長からのお誘いと恩師からの推薦がなかったら、当時二二歳でまだ無名のチャールズ・ダーウィンはガラパゴスに行くこともなく、（五〇歳のとき）革命的な進化論を提唱することもなかったでしょう。

この足かけ六年にわたる大航海はダーウィンにとって最初にして最後の大旅行で、その記録としてダーウィン最初の本『ビーグル号航海記』（１８３９）が著されました。この本の献辞にはこう記されています。

王立協会員チャールズ・ライエル氏へ
この航海記および私の他の著述に科学的な意義があるとしたら、その大部分は氏の有名で高名な著作『地質学原理』に負うところが大であり、感謝の歓びをもって、この航海記を氏に捧げる。〔長沼訳〕

チャールズ・ライエルはダーウィンより一二歳年上の地質学者で、自然界における「斉(せい)

一説（いっせつ）」を広めました。斉一説とは、有名なフレーズ「現在は過去を解く鍵」で祭せられるように、今も昔も（そして未来も）同じようなことが同じように起こるという考え方です**注2－2**。換言すると、「いま見えているものは過去からの積み重ね」ですし、「いま見えている小さな変異が未来には大きな変異になる」ということです。ビーグル号の艦長は大航海にあたってダーウィンにライエル著『地質学原理』をプレゼントしてくれました。これもまたダーウィンには幸運で、ダーウィンは航海中にこれらのことを学んだのです。

注2－2 現代的には「現在は遠すぎない過去（そして遠すぎない未来）を解く鍵」だと考えられています。たとえば、宇宙のはじまり（ビッグバン）や生命の起源、人工知能が人間を超える日（シンギュラリティ）など、現在と同じではない特異点を考えないわけにはいきません。

ビーグル号は五週間にわたってガラパゴス諸島をめぐり、ダーウィンは四つの島に上陸し、その見聞録として一万語以上を費やして「第一七章　ガラパゴス諸島」を書きました（『ビーグル号航海記』全体で全二一章、約二〇万語）。これが二〇年後の主著『種の起源』（1859）の起源になって、進化論の提唱に至ったのです。

「第一七章　ガラパゴス諸島」の書きだしは前出（20～21ページ）のように火山島であることの記述でしたが、それに続く「初上陸」についてダーウィンはこのように書いています。

朝（一七日）〔訳注：1835年9月〕、チャタム島〔訳注：ガラパゴス諸島で最東端のサンクリストバル島〕に上陸したが、他の島々と同様、この島はなだらかな丸い輪郭で立ち上がっていて、過去のクレーターの残骸である小丘があちこちに散在しているところで輪郭が途切れている。これほど興味をひかない第一印象はないだろう。黒い玄武岩質の溶岩が砕けてガサガサしている地面はひどく波打っていて大きな割れ目も走り、陽光に焦がされた矮小な茂みがあちこちにあるが、そこに生命の兆しはない。正午の太陽に灼かれて乾ききった地表から空気へと、まるでストーブが発するような暑苦しい熱気が伝わり、茂みまでもが不快な臭いを放っているかのようだった。私はできるだけたくさんの植物を採ろうとしたが、ほんの少ししか採れなかった。こんなみすぼらしい小さな草は赤道の植生というよりむしろ北極の植生といったほうがよいだろう。〔長沼訳〕

ずいぶんひどい書かれようですが、島によっては、あるいは、同じ島でも場所によっては、確かにこのような光景が広がっています。その後、チャールズ島（古くから捕鯨基地として利用されていたフロレアナ島）、アルベマール島（ガラパゴス諸島で最大のイサベラ島）およびジェームズ島（パホイホイという溶岩で有名なサンチャゴ島）に上陸し、島の風景や動植物や住人の生活などを描写します。そして、ついに進化論の芽生えとなる記述が現れます。

これらの島々は博物学的にきわめて興味深く、注意深く観察するに値する。有機的生産物［訳注：生きもの］はこれらの島で創られたもので、他のどこでも見ることはできない。島ごとに生息する生物が違っているが、五〇〇～六〇〇マイル［訳注：約九〇〇～一一〇〇㎞］も海洋空間で隔てられているのに、アメリカ大陸の生物と明らかに似ている。この諸島はそれ自体が小さな世界のよう、あるいは、アメリカ大陸の衛星のようで、大陸から迷い込んで居ついた生物もいるが、全般的には諸島に固有の特徴を受け継いでいる。小さな島々なのに、これほど多くの固有種が、こんな限られた空間に居ることに驚愕する。高くそびえ立つクレーターやまだ縁がはっきりしている溶岩流を見るにつけ、ここは地質学的に最近まで海しかなかった［訳注：島ができたのは地質学的に最近でしかない］と信じざるを得ない。したがって、空間と時間の両方において、地球における新たな生命の出現という偉大なる事実——神秘中の神秘——に近づけたように思えるのである。［長沼訳］

「地球における新たな生命の出現」とはずいぶん劇的な表現ですが、これはいわゆる「生命の起源」というより **注2－3** 、まさに二〇年後の主著『種の起源』、すなわち進化論の前触れとなる部分です。つまり、〝新種の起源〟ということ。では、ダーウィンが「これらの島々は博物学的にきわめて興味深く」と高く評価したガラパゴスの生きものたちを見ていきましょう。

注2－3 ダーウィンは『種の起源』の中で「生命の起源」についてほとんど触れていませんが、前出の親友フッカー（44ページ）に宛てた別の手紙（1871）の中で「小さな温かい池（warm little pond）で化学反応によって生命が生じる可能性」に言及しました。現代的には「化学進化説」と呼ばれる考え方です。ただし、現代と違って当時は精密な実験ができなかったので、ダーウィンは「大きな〝もし〟big if」と強調していました。

ダーウィンフィンチ類――進化論のヒントかつ実証例

ダーウィンフィンチという鳥の名前をどこかで聞いたことがあるかもしれませんね。ガラパゴス諸島に固有のスズメ目の鳥です。ダーウィン自身はガラパゴスでこれらの鳥をあまり重要視せず、あまり丁寧（ていねい）に扱っていませんでした。標本に付けた種類名と採集地のラベルが間違っていたほどです。しかし、ダーウィンが採集した標本を英国の鳥類学者ジョン・グールドが詳細に調べた結果、種ごとに嘴（くちばし）の形態や習性が少しずつ変化していて（図

1. *Geospiza magnirostris*　2. *Geospiza fortis*
3. *Geospiza parvula*　4. *Certhidea olivacea*

図2-3　ダーウィンフィンチ類の嘴（くちばし）。1. オオガラパゴスフィンチ（地上フィンチ）、体はダーウィンフィンチ類で最大で、大きな嘴で堅果（ナッツ）を砕いて食べることができます。2. ガラパゴスフィンチ（地上フィンチ）、主に種子を食べますが、花・芽・葉や昆虫を食べることもあります。3. コダーウィンフィンチ（樹上フィンチ）、種子や果実、昆虫を食べます。4. ムシクイフィンチ、昆虫食でダーウィンは当初ミソサザイだと誤認していました。ダーウィンがガラパゴス諸島で採集した標本を英国の鳥類学者ジョン・グールドが描画したもので、『ビーグル号航海記』の第二版（1845）から登場したものです。

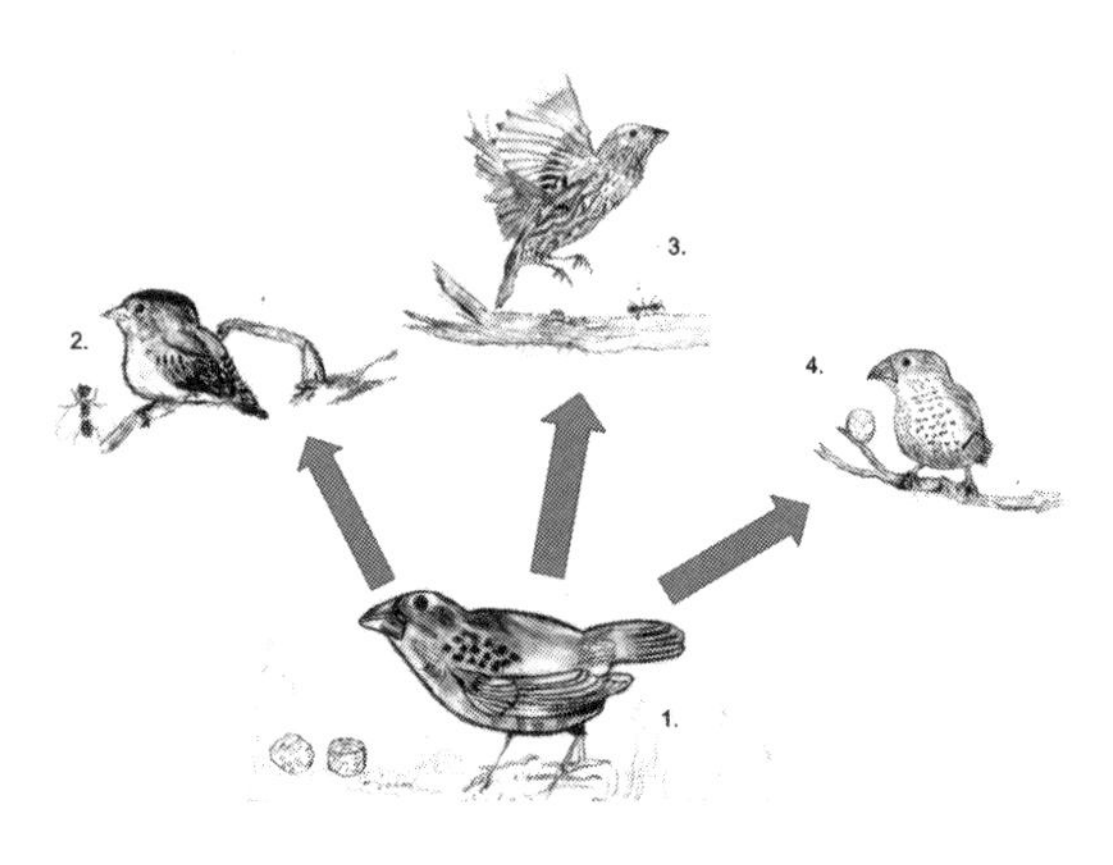

図2-4　ダーウィンフィンチ類の分岐（適応放散）の一例。1. オオガラパゴスフィンチ、2. コダーウィンフィンチ、3. ムシクイフィンチ、4. ガラパゴスフィンチ。
©Jackie malvin

2－3）、その変化は生息環境への適応である可能性が指摘されました（図2－4）。このことが、ダーウィンが進化論を着想するうえで大きなヒントになったのです。

二〇世紀になって英国の鳥類学者デイビッド・ラックが徹底的に研究し、その名もまさに『ダーウィンフィンチ』（1947）という本の中で、嘴の形と食性（植物食や昆虫食あるいは吸血性など）と関連づけました。さらに、ガラパゴスフィンチ（図2－3の右上）は、それまでは小さくて柔らかい種子を食べていましたが、1977年の旱魃（かんばつ）のせいで大きくて堅い種子を食べるしかなくなり、数世代のうちに嘴が一〇%も大きくなったことが実際に観察されました。これはまさに「変異と選択」すなわち「適応放散」の実証的な好例であり、ダーウィンフィンチ類は進化論の〝聖鳥〟になったのです 注2―4。

ちなみに、「ダーウィンフィンチ類」という呼称は、ビーグル号航海一〇〇周年記念に際し（1935）、英国科学振興協会の講演で鳥類学者パーシー・ロウが「ダーウィンフィンチ類」と呼んだのが最初でした。[2] その後、前出のデイビッド・ラックの著書『ダーウィンフィンチ』（1947）のタイトルによりその呼称が世間に広まったのです。狭義の「ダーウィンフィンチ」はダーウィンフィンチ属の一種 *Camarhynchus pauper*（和名学名ダーウィンフィンチ）を指しますが、一般には単にダーウィンフィンチといった場合、スズメ目フウキンチョウ科の一四、一五種を含むダーウィンフィンチ類全体を指すことが多いようです。

注2―4　ダーウィン自身は同じスズメ目の鳥でもダーウィンフィンチよりむしろ〝マネシツグミ〟のほうに興味があり、ガラパゴスで上陸した四つの島のうち三つの島で三種の異なるマネシツグミを採集しました。これらはもともと南米大陸に生息するたった一種のマネシツグミが何らかの理由でガラパゴス諸島に渡ってきて、島ごとに独自の種へと変化を遂げたのだと、若きダーウィンの思考に大きな影響を与えたのです。しかし、現代生物学の知見によると、①もともと南米大陸には複数種のマネシツグミがいる（ダーウィンも見ていたはず）、②必ずしも島ごとに独自の種がいるわけではない、とされています。このため、ダーウィンの意図に沿いませんが、マネシツグミは進化論の聖鳥としては次点扱いになっています。[3] ③ガラパゴスのマネシツグミの共通祖先は南米大陸ではなくメキシコの種かもしれない、とされています。

ゾウガメ――ガラパゴス諸島名の起源

すでに述べたように、〝ガラパゴス〟という言葉はもともとスペイン語で〝リクガメ〟を意味する〝ガラパゴ〟に由来しています（複数形がガラパゴス）。スズメ目の鳥ダーウィンフィンチ類よりも、そして、島々の随所に見られるリクイグアナやウミイグアナよりも、ダーウィンにとって進化論の重要なヒントになったのは、ダーウィン自身が乗って遊んだ巨大なリクガメ（すなわち**ゾウガメ**）でした。最大で体長一八〇㎝以上、体重四〇〇kg以上にもなるゾウガメ（正式にはガラパゴスゾウガメ）のほうがずっと印象的だったことでしょう。

ゾウガメには少しずつ違った形の甲羅が見られます（図2－5）。ダーウィンはこの「少しずつ違った甲羅」（変異）の意味を深く考えました。そして、一つの共通祖先から少しずつ違った形の甲羅が生じること（分岐）、そして、それぞれの甲羅の形と草食性の食べもの（サボテンなど）との間に関連があること（環境適応）を思いついたのです。たとえば、ドーム型の甲羅だと地面に落ちている実を食べることはできますが、高いところについている実を食べるのは大変です。でも、サドル型と呼ばれる甲羅なら首を高く上げられるので、高いところの実も食べることができます。このことは適応放散の実証的な好例となる貴重な研究対象です。

ところが、この大航海から十分な数のゾウガメ標本は持ち帰られませんでした。ビーグ

図2-5　ガラパゴスゾウガメ種群における甲羅の変異型の代表例。これらの間にもたくさんの遷移的な変異型があります。

ル号には三〇個体以上のゾウガメが積み込まれたのですが、それらは研究用ではなく航海中の食用だったうえに、食べ残しの甲羅は海に捨てられてしまったのです。かろうじてダーウィンとダーウィンの助手と艦長が幼いゾウガメをペットとして飼っていましたが、それだけでは研究できませんでした。でも、大航海の後、フランスの動物学者ガブリエル・ビブロンが「ゾウガメの甲羅には確かに変異がある」と太鼓判を押してくれましたし、現代生物学の知見からも「変異と選択」すなわち「適応放散」の好例として考えられていますので、ゾウガメは進化論の〝聖亀〟としての地位を保っています。

いま〝航海中の食用〟と述べました。実は、ガラパゴスゾウガメは、ガラパゴス諸島の発見以来、航海者の食料として乱獲されたのです。一般にゾウガメは長生きで、自然界においても百歳以上など珍しくありません。この理由のひとつは代謝がゆっくりしていることで、現代生物学の知見でも「代謝が遅いほど寿命は長くなる」と考えられています。実際にゾウガメの代謝は遅くて、船に積んでも飲まず食わずで一年以上も生きるとのこと。つまり、放っておいても死なないし腐らない。これは航海者の食料としては理想的なので乱獲されまくりました。ガラパゴス諸島が発見された一六世紀（1535）には推定二五万個体もいたゾウガメが、1974年には三〇六〇個体にまで激減していたのです。もともと暫定一五種いたゾウガメのうち、すでに暫定五種が絶滅し、残った暫定一〇種も危急種（vulnerable）から絶滅危惧種（endangered）、近絶滅種（critically endangered）です。

いちばん最近の絶滅（２０１２）はニュースになりましたが、これについては**第五章**で述べましょう。

いま、ゾウガメの種数に〝暫定〟と付けたのは、種の認定が学界でもまだ確定していないからです。実はガラパゴスゾウガメは、生物学的には「ガラパゴスゾウガメ種群」といって、現時点で種数の確定は保留という状態なのです（僕はこれを学者らしい理性的な判断だと思います）。このガラパゴスゾウガメは単一系統、つまり過去の共通祖先から分岐した子孫群ですが、その共通祖先に近い現生種は南米大陸にいる二五㎝程度のチャコリクガメだと目されています。遺伝子（ＤＮＡ）分析によると、チャコリクガメの系統とガラパゴスゾウガメ種群の系統が共通祖先から分岐したのはいまから六〇〇万年から一二〇〇万年前とのこと。その頃、どんな出来事があって、ガラパゴスゾウガメ種群の祖先が南米大陸から海を渡ったのでしょうか（**第一章の図１－２**参照）。

ちなみに、巨大なリクガメ、すなわちゾウガメはガラパゴス以外の島にもいます。それはインド洋に浮かぶ島嶼国家セーシェル共和国のアルダブラ環礁に生息する「アルダブラゾウガメ」です。ここは陸地面積が世界第二位の環礁で（第一位は太平洋のキリバス共和国のキリスィマスィ島）、陸地面積一五五㎢に約一〇万個体のゾウガメが生息するという光景はさぞ壮観でしょう。アルダブラゾウガメの祖先はマダガスカル島にいたという説が有力です。つまり、同じゾウガメでも、こちらはおそらくアフリカ由来、ガラパゴスゾウガメは南米由来で、系統が異なるのです。

さらに興味深いことに２００４年、アルダブラ環礁から約七四〇㎞も離れたタンザニア（アフリカ大陸東岸）の海岸にアルダブラゾウガメが漂着しているのが発見されました。このゾウガメに付着していたフジツボの成長速度と大きさから、漂流期間は六～七週間と推定されました。[4] こういうことが過去に何回も起こったのでしょう。アフリカ大陸からマダガスカル島へ、さらにアルダブラ環礁へと。そして、別のケースとして、南米大陸とガラパゴス諸島の間でも。

そもそもゾウガメ（巨大なリクガメ）は北米・南米大陸、アフリカ大陸、アジア大陸に広く分布していたそうです。化石記録によると最大のリクガメは、新生代にいまのパキスタンからインドを経てインドネシアまで（おそらくヨーロッパにも）いた「アトラスゾウガメ」で、これは甲羅だけで二m以上、体重はおそらく一～二トンもあったようです。こんな巨大ゾウガメがうろうろしていた時代もあったのに、いまではガラパゴスやアルダブラの島にしかいません。その理由のひとつは人間の**捕食圧**、まさに「第六の絶滅」の犠牲者ですね（これまで五回あった自然的な大量絶滅に対し、いま起こっている人間による大量絶滅を「第六の絶滅」といいます）。

イグアナ――リクとウミでの進化

ガラパゴスは爬虫類の天国(パラダイス)というフレーズがあります（ダーウィンの言葉だという人もいて、僕はその出典を探しましたが見つけられませんでした）。確かにガラパゴスには、イヌやネコ、ヤギなど人間が持ち込んだ哺乳類と、ガラパゴスに固有の小型のネズミ（コメネズミの仲間）と、アシカやオットセイのような海生哺乳類を除けば、爬虫類の天下です。まず、ゾウガメは爬虫類です。ダーウィンフィンチやマネシツグミなどの陸鳥類、そして、この後に述べる海鳥類も、そもそもは恐竜（爬虫類）の末裔です。そう考えれば、ガラパゴスは鳥類―爬虫類の連合王国のようです。その爬虫類の天国において、進化論の観点からスポットライトを当てたいのはイグアナ、リクイグアナとウミイグアナです。

　イグアナは、狭義にはイグアナ属のトカゲですが、広義にはイグアナ科のトカゲを指します。イグアナ科にはタテガミトカゲ科（立髪竜科）という勇壮な別名がありますが、この中のイグアナ亜科にガラパゴス固有種のリクイグアナとウミイグアナがいます。ガラパゴスリクイグアナ属の学名 *Conolophus* はギリシア語で「棘々(とげとげ)した立髪(たてがみ)」を意味するように、ちょっと強面(こわもて)の姿で、体長も一ｍ以上あるので、初見では僕も怖じ気(おけ)づきました。この属はガラパゴスの島々の間で種分化が進んでいて、学界でもまだ完全な意見の一致はありませんが、だいたい三種くらいに分かれると考えられています。そのうちの一種 *Conolophus marthae* は１９８６年に発見されて２００９年に新種認定され、同年にはピ

ンクイグアナ（スペイン語で iguana rosada）という名で記念切手も発行されました（図2－6）。

ピンクイグアナが他の二種のリクイグアナと分岐したのは、かつては五〇〇万～六〇〇万年前と思われていましたが、最新の研究では一五〇万年前だそうです。[5] ピンクイグアナは西部のイサベラ島のウォルフ火山にしか生息していませんが、この島ができたのは七〇万年前なので、他の島で進化したものが後にイサベラ島に移ってきたのでしょう。イサベラ島は火山活動が激しいので他の生物が定着しにくいですし、まして人の手が及ばないウォルフ火山ならピンクイグアナには安住の地なのかもしれません。

ガラパゴスのイグアナのもっと大きな分岐、すなわち〝リク〟と〝ウミ〟の分岐は四五〇万年前[5]あるいは五五〇万年前[6]とのこと。さらに、ガラパゴスのイグアナにいちばん近縁な現生イグアナはユカタン半島（メキシコ）のトゲオイグアナ属で、これらが分岐したのは八六〇万年前だそうです。[6] ガラパゴス諸島でいちばん古い島（五〇〇万歳）より古い島がかつて存在し（八六〇万年前）、そこにガラパゴスのイグアナの祖先がメキシコから海を渡ってきたのでしょう（たぶんパナマ海流に運ばれて：**第一章の図1－3**参照）。

海に目を転じましょう。ウミイグアナは一属一種で、学名の *Amblyrhynchus cristatus* は「鼻が低くて（背中が）棘々している」という意味です。ちょっと不格好なイメージですが、暗黒色の体が僕にはむしろ強そうな感じがしました。実際、オスは四肢が強く、指に

愛読者カード

ご購読ありがとうございました。今後の参考とさせていただきますので、ご協力をお願いいたします。また、新刊案内等をお送りさせていただくことがあります。

【1】本のタイトルをお書きください。

【2】この本を何でお知りになりましたか。

1.書店で実物を見て　2.新聞広告(　　新聞)
3.書評で(　　)　4.図書館・図書室で　5.人にすすめられて
6.インターネット　7.その他(　　)

【3】お買い求めになった理由をお聞かせください。

1.タイトルにひかれて　2.テーマやジャンルに興味があるので
3.著者が好きだから　4.カバーデザインがよかったから
5.その他(　　)

【4】お買い求めの店名を教えてください。

【5】本書についてのご意見、ご感想をお聞かせください。

●ご記入のご感想を、広告等、本のPRに使わせていただいてもよろしいですか。
□に✓をご記入ください。　□ 実名で可　□ 匿名で可　□ 不可

郵便はがき

切手をお貼りください。

102-0071

東京都千代田区富士見一―二―十一
KAWADAフラッツ一階

さくら舎 行

住所	〒　　都道府県		
フリガナ		年齢	歳
氏名		性別	男　女
TEL	(　　)		
E-Mail			

さくら舎ウェブサイト　www.sakurasha.com

図2-6　エクアドル共和国が2009年に発行したガラパゴス国立公園50周年記念切手。同年に新種認定されたピンクイグアナ *Conolophus marthae* が図案化されている。

は長い爪があります。これが、強い潮流に負けずに、海底で踏ん張る力を発揮するのです。なぜ海底で踏ん張るのか、それは海藻を食べるためです。イグアナ界広しといえども、海に潜るイグアナはこれしかいませんし、まして、海藻を食べるのもこれしかいません。ガラパゴスの〝豊饒の海〟（**第一章**）の覇者なのです。

　ウミイグアナが覇者というのは種間競争がないということで、種内競争はあります。つまり、同種の仲間がライバルで競争相手ということ。深くまで潜るのはもっぱらオスで、食べもの（海藻）とメスを巡っての競争は傍から見るほど楽ではないでしょう。それでも、ウミイグアナの大群を見るにつけ、よくもこれほど繁殖しているなと感嘆します。変温動物の性で、午前中は日光浴して体を温めます。体を伸ばし四肢も伸ばした格好が、長閑というかグダグダというか、僕もついニタニタしてしまいます。怖そうで、でも、グダグダで、でも、海の猛者。このことが僕には〝すごい進化〟の一つに思えるのです。

　ただ、すごい進化といっても、まだ発展途上なのでしょうか。詳しくは**第四章**で述べますが、エルニーニョという海洋現象のせいで海藻が少ない年があります。そういうとき、ウミイグアナはしかたなく陸上に食べものを求めます。でも、陸上にはすでにリクイグアナの縄張りがあります、ウミイグアナはどうやって活路を拓くのでしょうか。実は、ウミイグアナは、リクイグアナが嫌う**セスビウム**という多肉植物を食べるのです。[7] ガラパゴスに固有のセスビウムの群落は「赤いカーペット」のようで、それをむしゃむしゃ食べるウミイグアナを撮影した YouTube 動画もあります。ウミイグアナの腸内細菌相(フローラ)は海藻食に適合しているのですが〔日本人の腸内フローラに海藻を消化する菌がいるように〕、陸に上がったウミイグアナの腸内フローラはやがてセスビウム食に向けて適応するのでしょうか。今後の研究が待たれます。

さらにすごいことに、どうやらウミイグアナとリクイグアナが交雑して、雑種（ハイブリッド）の子が生まれています。まだ十分に多くの個体は調べられていませんが、ハイブリッドの子はどれも父親がウミイグアナ、母親がリクイグアナとのこと。陸上生活が常態ですが、父親ゆずりの長く鋭い爪のおかげで海底で踏ん張って海藻を食べられるし、その爪が陸上ではサボテンに上るのに役立つので、ふつうのリクイグアナでは到達できないサボテンの高いところの葉を食べることもできます。こんなすごいハイブリッドは水陸両用のすごい進化型ですが、あいにく繁殖能力はなく一代限りだそうです。しかし、いずれ、ハイブリッドの中から子々孫々まで繁殖可能な変異体が生まれ、それが新種ひいては新系統になるかもしれません。そんなハイブリッド形成やセスビウム食を促している海洋現象「エルニーニョ」とは何でしょうか、**第四章**をお楽しみに。

ペンギンとコバネウ――何かを捨てる進化

ガラパゴスには「飛べない鳥」が二種います。ひとつはすぐに分かるでしょう、ペンギ

図2-7　ガラパゴスペンギンの分布域。全体的にガラパゴス諸島の西側に分布していることがわかります。

ンです、**ガラパゴスペンギン**。まさか赤道直下にペンギンがいるとは想像もしなかったでしょうけど、ガラパゴスは意外と涼しいことを思い出せば〝然(さ)もありなむ〟と思えるのではないでしょうか。実際、ガラパゴスにおけるペンギンの分布を見ると（図2－7）、全体的に諸島の西側、冷たい深層水が湧き上がってくる辺りに分布しています（**第四章**で詳述します）。

　ガラパゴスペンギンはペンギン類（ペンギン目ペンギン科）でも二番目に小さな種で、体長は五〇cm足らず、体重は二・五kgしかありません（いちばん小さいのはオーストラリア南岸からニュージーランドに分布するコガタペンギン）。このことで僕は「恒温動物は寒いところほど大きく、温かいところほど小さい」という「ベルクマンの法則」を思い出しました。例外もありますが、現生のペンギン目で最大のコウテイペンギンは南極大陸の固有種ですし **注2－5** 、二番目に大きいオウサマペンギンは亜南極に分布していることから〝当たらずといえども遠からず〟かなと思います。

注2－5　ペンギン目の絶滅種（化石種）では南極とニュージーランドで発見された約四〇〇〇万年前の巨大ペンギン「アンスロポルニス」が体長一七〇㎝で最大です。

ペンギンは飛べませんし、二足歩行もよちよち歩きに見えます。でも、水族館の水槽で見たことありませんか、水中ではまるで飛ぶように泳ぎますよね。ペンギンの翼は、もはや翼（ウイング）というより「ひれ」（フリッパー）と呼ぶべきで、ひじも手首も融合して関節が曲がらず（しなやかに羽ばたけず）、肩のところからしか動かせません。ペンギンの水中での推力はこの強靭なフリッパーから生まれるのです。これも目的論ではなく結果論。遺伝子突然変異の結果として翼がフリッパー化してしまった、飛べなくなったので仕方なく泳いでみたら、それが〝当たり〟だったということです。ペンギンの翼はけっして退化したのではなく、進化してフリッパーになったのです。

ガラパゴスの飛べない鳥のもうひとつは、やはり西部にのみ生息する**ガラパゴスコバネウ**（小羽鵜）です。ペンギンはおそらく南極からペルー海流（フンボルト海流）に運ばれてきたのでしょうけど（**第一章の図1－3**）、コバネウの祖先はもしかしたらメキシコから飛んできて、ガラパゴスで〔飛べないのではなく〕飛ばないウに進化したのかもしれません。コバネウはミミヒメウ（北米からメキシコに分布）とナンベイヒメウ（メキシコから南米に分布）の姉妹種なので、[8] これらの分布の重なりからメキシコ起源が推察されるのです。

コバネウは現生のウ科ウ属では最大の種で体長一ｍにも達しますが、文字通り羽は小さく、この大きさの鳥が飛ぶのに必要な翼の大きさの三分の一しかありません、つまり、飛べません。コバネウは海底近くで魚やタコ、イカなどを捕食するのですが、ペンギンと違って、翼はまだフリッパー化していません。では、水中ではどうやって推力を得るのでしょう。それは強靭な脚と水かきです。人間がダイビングするとき、足ひれ（フィン）を付けて泳ぐのと似ています。ペンギンのフリッパー泳法とコバネウの水かき泳法、両者の競演を見てみたいと思います。

一説にはコバネウの水かき泳法のほうが勝る（まさ）といいますが、ペンギンのほうが勝っている点もあります。それは体の防水性です。ペンギンは皮脂腺からでる油脂を羽毛（フェザー）に塗って防水性を高めているのですが、コバネウの羽毛は防水性が高くないので海水が浸透してしまいます。それでコバネウは潜水のあと日光浴をして体を乾かすのです。これがコバネウはまだ進化の途上なのかなと思う点です。

一方で、コバネウには珍しい繁殖行動が進化しました。それは「一妻多夫」です。２０１９年に「脊椎（せきつい）動物（魚類・両生類・爬虫類・鳥類・哺乳類）には一夫一婦（一雄一雌）性の遺伝子がある」という論文[9]が発表されましたが、コバネウは、人間界の一夫多妻とも異なる、一妻多夫（一雌多雄）性なのです。しかも、**順次的一雌多雄性**という変わったパターンです。これは、一時期に複数のオスと番う乱婚ではなく、きちんと一雌一雄という操を立てて抱卵と育児（育雛）初期は夫婦で協力しつつも、育雛が軌道に乗ったら後は古いオス（その雛の父）に任せて、メスは新しいオスとまた新たに番うというものです。こうすれば、一つの繁殖期の間にメスはより多く番って、より多くの子孫を残せるようになるわけで、これも進化のひとつだとみなせるのです。ただ、人間界のオスである僕にはちょっと切ない感じもしますが。

第一章でも述べましたが、僕はペンギンより、ちょっと切ない感がありつつも、コバネウのほうに惹かれました。その理由のひとつは「巣」でした。巣造りの材料も入手困難な火山島にあって、なんとかして造った巣を糞尿でモルタル塗りするのです。それは汚そうに聞こえますが、実際に見てみると、その質素さには清潔感があり、荘厳さすらも感じるのです。飛べなくなったのか、飛ばなくなったのか、いずれにせよコバネウは、それなりのライフ（生活、人生、生命）を粛々淡々と生きています。そのことを感じた瞬間、英語の「live a life」というフレーズを思い出しました。僕もそう生きたいです。

ガラパゴスには他にもご紹介したい生きものがたくさんいますが、この本は必ずしもガラパゴスの生きものガイドブックを目指してはいませんので、進化論を中心とした生きものの話はこの辺りでいったん終わりにしようと思います。その代わり、次の**第三章**ではワクワクするような深海生物の話をいたします。

第三章

深海の聖地

――ガラパゴスリフト

火山島をつくるホットスポット

ガラパゴス諸島はたくさんの火山島からなっています。東のほうが古い〝死火山〟で、西にいくほど若い〝活火山〟が多くなります。たとえば、ガラパゴス最東端のサンクリストバル島（ダーウィンが最初に上陸した島）は二四〇万〜四〇〇万年前に生まれた古い火山島で、人間的な時間尺での最近（千年以内）は噴火していません。逆に、最西端のフェルナンディナ島はいちばん若い七〇万年前にできた活火山で、つい最近の2018年にも噴火しました。一方、いちばん古い島は最南端（東ほど古いという観点からは南東端）のエスパニョラ島で、ほぼ死火山の島です。まるで、ガラパゴスの海底下にある**マグマ溜り**（だま）が東↓西に移動しているかのようです。でも、実際に移動しているのは島々のほうであって、マグマ溜りは一ヶ所に留（とど）まっているのです（図3－1）。

このマグマ溜り、より正確にいうと〝溜まっているマグマのもと〟は、島々を乗せて動く海底の岩盤（図3－1の海洋プレート）より深いところにあります 注3－1 。その上を海底の岩盤（**海洋プレート**）が動きつつ、順次、海底火山が列状にできていきます。こういう場所のことを**ホットスポット**といいます。ガラパゴス諸島はホットスポットの上を北西↓南東に移動してできた海底火山列です（ただし、ガラパゴスホットスポットは地質学的に複雑なので、ここでは掻（か）い摘（つま）んだ説明に留めます）。そして、これとほぼ同じことが、日本人に馴染（なじ）み深いハワイ諸島にも当てはまります。

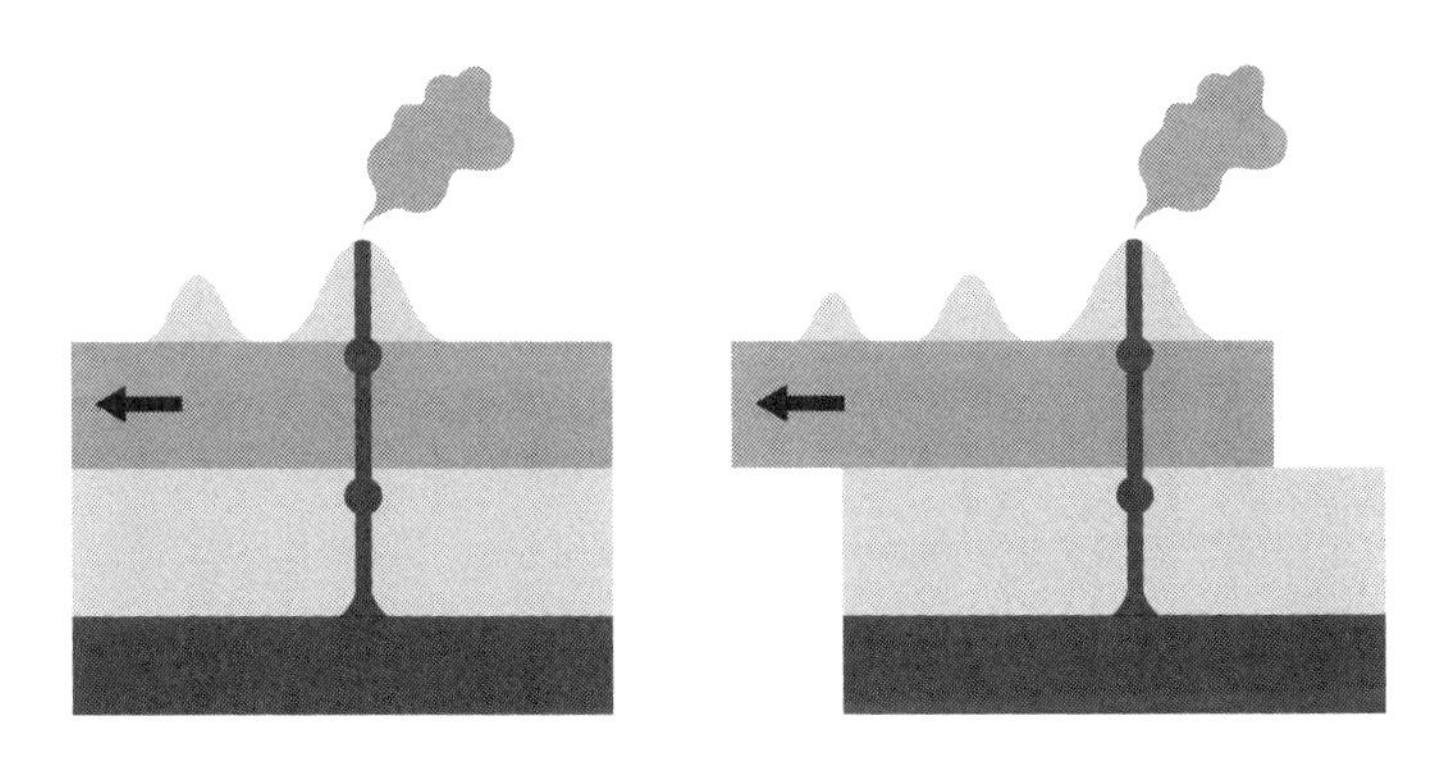

図3-1　ホットスポットと、その上にできる火山の列。ホットスポットは地球内部から高温のマグマと岩石が立ち上ってくるところで、表面には火山ができます。表面が移動すると火山も移動し、新たな火山ができてはまた移動して、火山の列ができることになります。移動する表面は**リソスフェア**（地殻とマントル最上部）あるいは**プレート**といい、プレートの動きを**プレートテクトニクス**といいます。リソスフェアを動かすのはその下にあるアセノスフェア（マントルの一部）の動きです。さらにその下にはメソスフェア（アセノスフェアより深いところのマントル）からマグマが立ち上ってきます。

ハワイ諸島は、ガラパゴスとは逆向きに、南東→北西にホットスポットの上を移動してできた火山列です。北西ほど古く〝沈みつつある〟ので小さい島である一方、南東ほど若く大きな火山が活発で〝隆起感〟があります。実際、ハワイ諸島の南東端にある「ハワイ島」は別名ビッグアイランドと呼ばれるほど最大で、最近の噴火もすべてハワイ島で起きています。２０１８年、ハワイ島のキラウェア火山が噴火して二千人以上の住民が避難し、六百戸以上の民家が溶岩に呑み込まれた災害は、まだ記憶に新しいでしょう。しかし、このハワイ島も一年に五㎝ずつ北西に移動しているので、やがてはホットスポットから外れ、火山活動も衰えて隆起から沈降に転じることでしょう。

実は、ハワイ島の南東にすでに〝次のビッグアイランド〟になる海底火山が隆起してきました。その名は「ロイヒ海山」。山頂はまだ水深九七五ｍの深さにありますが、一万年から一〇万年後には海面上に姿を現して島になると考えられています。僕はかつて潜水船「しんかい６５００」に乗ってロイヒ海山で深海生物の調査をしたことがあります。その時、自分の名前を書いた板でも置いておけば、一万年後に姿を現した島の土地は自分のもの、なんて与太話（よたばなし）もありました。

注3—1 地球の（大気と海洋の部分の「流体地球」に対して）岩石の部分、すなわち「固体地球」の構造は、いろいろな視点からいろいろに分けられます。たとえば、**左図**（**図3—2**）に示すように、岩石の

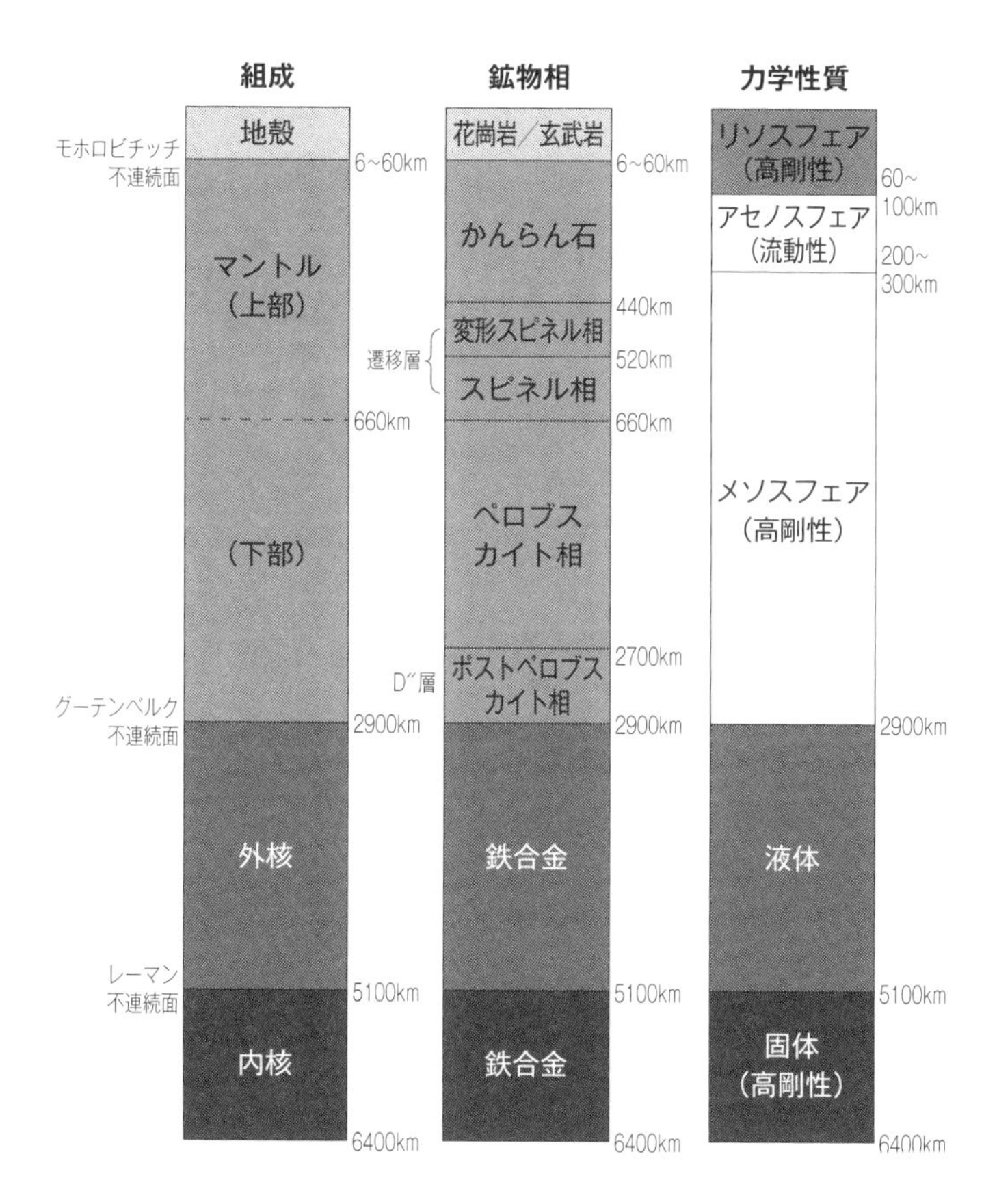

図3-2　地球の岩石部分（固体地球）を三つの異なる視点――化学組成、鉱物相、力学的性質――でみたときの層状構造。プレートテクトニクスの「プレート」はリソスフェア（地殻と上部マントルの最上部）が相当します。

化学組成によっておなじみの地殻・マントル・核に分けられますし、それぞれに対応する鉱物種によっても分けられます。しかし、力学的性質を見ると必ずしも地殻とマントルの分け方に対応していません。つまり、地殻と上部マントルの最上部が剛体の「リソスフェア」となり、その下（上部マントルの一部）が流動体の「アセノスフェア」になり、さらにその下（上部マントルの一部から下部マントル全体）が剛体の「メソスフェア」です。ここで、リソスフェアがプレートテクトニクスのプレートです。プレート（リソスフェア）は流動性のあるアセノスフェアの「上部マントル対流」によって動かされているのです。

島々を移動させるもの——プレートテクトニクス

島々が動くというのは、島々を乗せている海底、専門的には「海洋プレート」が動くということです。昔は、島が移動するどころか、大陸が移動するという説（**大陸移動説**）が唱えられました。ドイツの気象学者アルフレート・ヴェーゲナー（図3－3）が1912年に、三一歳という若さで学会発表した説です。大陸といえば〝不動〟の代名詞だった時代に、大陸が〝動く〟と主張した説は不評でした。生物の種は〝不変〟と信じられていた時代に〝変わる〟と主張したダーウィンの進化論が革命的だったのと似ています。

自説が批判されたヴェーゲナーは失意のまま五〇歳で逝ってしまいました。しかし、ヴェーゲナーの死後しばらくして大陸移動説が再評価され、多くの研究者による精密な研究の結果、発表から五五年後の1967年、新たな**プレートテクトニクス**という学説として確立されたのです。このことは、一九世紀の進化論が科学革命（パラダイムシフト）をもたらしたのと同じくらい、二〇世紀のパラダイムシフトの代表例になりました。

プレートテクトニクスでは、移動するのは大陸ではなく**プレート**です。プレートとは地球の表面をモザイク状に覆う岩板（岩盤）を指し、「海洋プレート」と「大陸プレート」があります。モザイクの個々のタイルがプレートだと考えてください。地球のプレートには大小いろいろあります。簡単にいうと、比較的大きなプレートが一四〜一五枚と、それらの間を埋める小さなプレートが四〇枚ほどあります。これらのプレートが地球の表面を動き回っているのです。プレート同士は、時には衝突し、時には離れ、時には横ずれしています（図３－４）。

図3-3　「大陸移動説」を唱えたアルフレート・ヴェーゲナー（44歳の頃）。

先ほどのハワイ諸島（南東→北西）とガラパゴス諸島（北西→南東）の動きについて説明しましょう。ハワイ諸島が乗っている「太平洋プレート」は面積一億㎢の地球最大のプレートです。これは「東太平洋海膨（かいぼう）」という海底の巨大な割れ目から噴き出す溶岩（玄武岩）を供給源として、北西方向に毎年五〜一〇㎝の速さで移動しています。移動する間に土

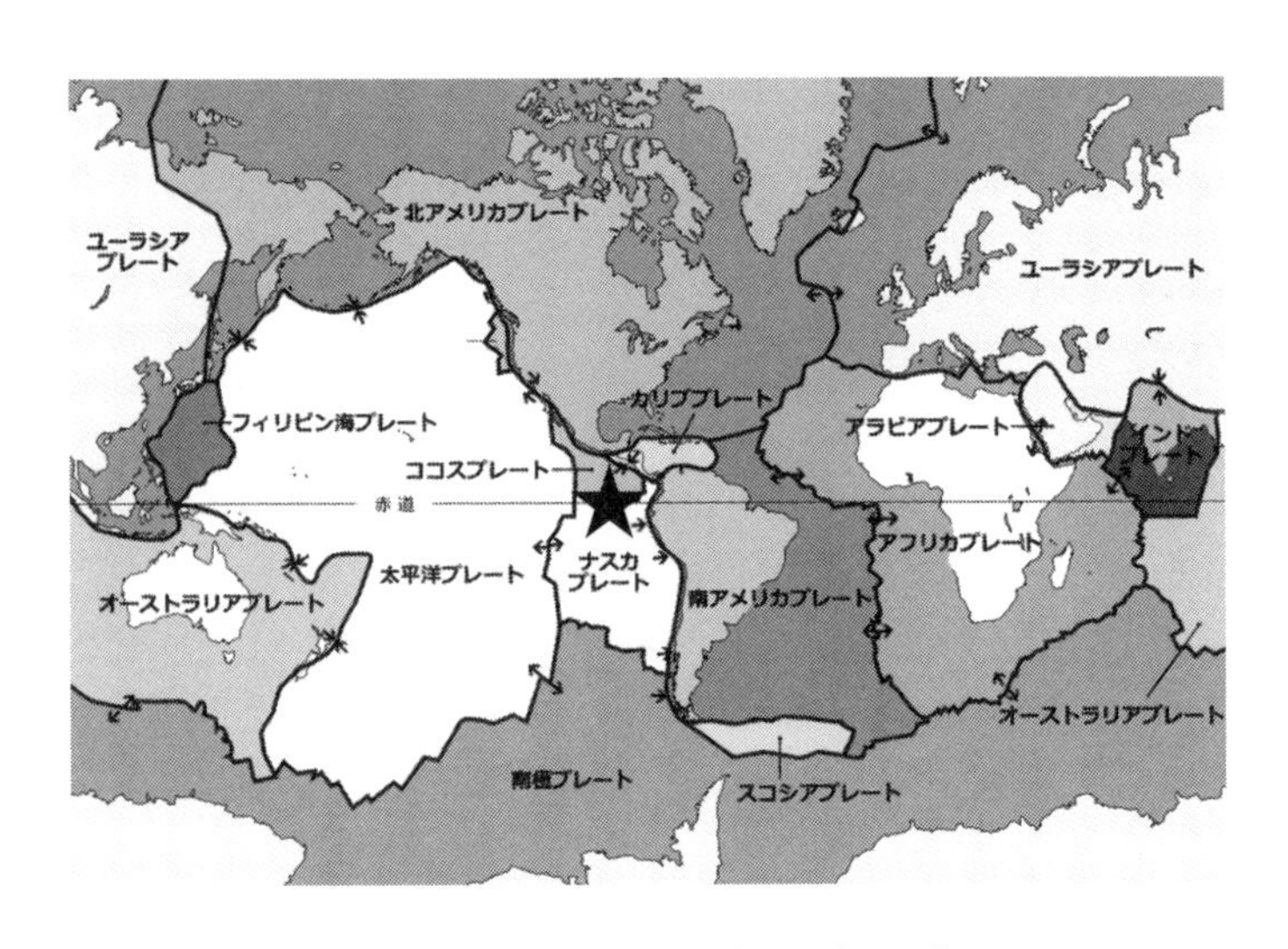

図3-4　地球の表面をモザイク状におおう大小さまざまなプレート。

砂や生物の遺骸などが降り積もって堆積物となり、下の方ほど上からの重さで押し固められて堆積岩になります。つまり、玄武岩の上に堆積岩があり、その上に堆積物が乗っている、これが海底の表面の基本構造です。太平洋プレートは東太平洋海膨で生まれてから日本海溝で沈み込むまで、約二億年かけて動きます。この二億年の間に降り積もった堆積物と堆積岩の厚さはなんと数百m、場所によっては千mにも達します。二億年という時間の長さを感じさせますね。

ガラパゴス諸島が乗っているプレートは「ナスカプレート」という面積一五〇〇万㎢のやや小さな海洋プレートで、東太平洋海膨をはさんで太平洋プレートの反対側にあります。東太平洋海膨は海底の割れ目ですが、上述の「プレート同士は、時には衝突し、時には離れ、時には横ずれ」でいうと「離れ」に相当します。つまり、東太平洋海膨を境にして太平洋プレートとナスカプレートは互いに離れる方向に動いているのです。したがって、東太平洋海膨のような巨大割れ目は**海底拡大軸**とも呼ばれています。ここで新たに海底が生まれて左右に広がるからです。

ただ、それだけでは海底は広がる一方なので、どこかで**沈み込む**ことでバランスが保たれます。それが太平洋プレートなら日本海溝ですし、ナスカプレートならペルー・チリ海溝になります。どちらも海溝型（沈み込み帯型）の巨大地震の発生源です。

ナスカプレートは太平洋プレートと離れるように動くことから、ガラパゴス諸島とハワイ諸島が逆向きに動くことが分かりますね。ただ、ガラパゴス諸島（ナスカプレート）の場合は話がやや複雑で、かつては一つだった海洋プレート（ココスプレート）からナスカプレートが分離独立したのです。ココスプレートとナスカプレートの境界は「ガラパゴスリフト」と呼ばれています。**リフト** rift は〝割れ目〟という意味です。これと〝持ち上げる〟lift と間違わないでくださいね。実は、ガラパゴスリフトもまた海底拡大軸で、この一端は東太平洋海膨に接しています。つまり、太平洋プレート、ココスプレート、ナスカプレートの三つのプレートが一ヶ所に集まる**三重会合点**（トリプルジャンクション）があって、そこにガラパゴスホットスポットがあり、ガラパゴス諸島の火山列が生まれたのです。

プレートテクトニクスの聖地ガラパゴスリフト

アルフレート・ヴェーゲナーが大陸移動説（仮説）を唱えてから五五年かかってプレートテクトニクス（理論）が完成しました。その間、多くの研究者が多くの理論研究や実地調査をしたからこそ、プレートテクトニクスが完成したのです。その理論研究のひとつから**熱水噴出孔**の存在が予言されました。海底のひび割れから海水が浸入して地下で熱せられ、温度が上がることで軽くなって（比重が小さくなって）浮力を得（え）、熱水として海底から湧きだす、ということが予想されたのです。いわば「海底温泉」ですね。この海底温泉すなわち熱水噴出孔を発見すべく、いくつかの実地調査が行われました。

初期の実地調査の中でも輝いているのは、米国のスクリップス海洋研究所がガラパゴスリフトで実施したものです。まず１９６６、１９６９、１９７０年の調査航海で、海底温泉の存在を示唆する温度異常を発見しました。そして、１９７２年、「ディープトウ」という新しい装置を使用した「サウストウ航海」が行われました。ディープトウは、僕も使ったことがありますが、カメラやソナー（電波の代わりに音波を用いたレーダーのようなもの）などを積んで有線ケーブルにつなげて海底を曳き回す装置（曳航機）です。サウストウ航海では、この新装置のおかげで海底地形の異様な高まりを発見したり、海底地震を観測したりしました。

１９７４年、フランスと米国の共同調査「フェイマス計画」が行われました。フェイマスＦＡＭＯＵＳはFrench-American Mid-Ocean Undersea Studyという名前の略称ですが、もちろん〝有名な〟を意味するfamousをもじったものです。この共同調査は大西洋中央海嶺という海底拡大軸の割れ目を目がけて、三隻の有人潜水船――フランスから「アルシメード」と「シアナ」、米国から「アルビン」――が投入されました。その結果、海底の割れ目の底に、溶岩が冷えて固まった生々しい光景が観察されました。が、翌年、アルビンが海底の割れ目に挟まるというアクシデントがあり（無事に自力で脱出しましたが）、潜水船はもう危険を冒してまで割れ目に入らなくなり、熱水が湧いている現場を目撃することもありませんでした。

１９７６年、スクリップス海洋研究所は「プレアデス航海」を計画し、再度ガラパゴスリフトに挑みました。その場所(サイト)は南米大陸とガラパゴス諸島の中間あたりの西経86度（86°W）で、曳航機の深海カメラは、いまでは**シロウリガイ**として知られる巨大ハマグリのような二枚貝の貝殻（死貝）で埋め尽くされて真っ白になった海底の姿を捉えました。後でわかったことですがシロウリガイは熱水噴出孔の周辺に生息するので、その死貝の発見は熱水噴出孔までもう二、三歩というところでした。ちなみに、たくさんの死貝とともにビール缶も見つかったので、発見当初は「どこかの船が捨てた貝殻の山」だと思ったそうです。それで、この場所は〝魚介類の蒸し焼きパーティー〟を意味する「クラムベイク」Clambake と名付けられました。

そして、翌１９７７年、地質学者ジャック・コーリス（当時四一歳）、後年にあの「タイタニック号」を発見した海洋学者ロバート・バラード（三五歳）、そして地球物理学者リチャード・フォン・ハーゼン（四七歳）が率(ひき)いる調査チームは満を持して、ガラパゴスリフトに「アルビン」を投入しました。まず、無人の曳航機が水温異常を検知し、同時に撮影した海底の写真には生きたシロウリガイと茶色い**シンカイヒバリガイ**（熱水噴出孔の周辺に生息するイガイの一種）の姿がありました。熱水噴出孔まであと一歩です。

調査チームはただちに水深約二五〇〇ｍのそのサイトへ、有人潜水船「アルビン」を送りました。ジャック・コーリスと彼の恩師ジェリー・バンアンデル（五四歳）が乗った

「アルビン」の第七一三潜航、それはまるで〝新世界〟への旅のようでした。溶岩におおわれた海底はあちこちに亀裂が走り、そこからゆらゆらした陽炎(かげろう)のような温水が湧きだしていました（**熱水ゆらぎ**といいます）。人間が初めて熱水噴出を目撃した瞬間でした。そして、それは同時に、プレートテクトニクスによる予言が実証された瞬間でもありました。

世紀の発見チューブワーム

その場所(サイト)は「クラムベイク１」と命名されました。なぜなら、そこにあったのは死貝の山（オリジナルのクラムベイク）ではなく、密生する生貝だったからです。そして、翌日以降も、前年のプレアデス航海で発見された死貝サイト（オリジナルのクラムベイク）が見つかって「クラムベイク２」と少し改名されましたし、珍しい底生性のクダクラゲ類（ヒノマルクラゲ）の群生地も見つかりましたが、生物学者がいなかったので「ダンデライオンパッチ」（たんぽぽ群落）と呼ばれました。また、岩の表面に付着するカサガイの群生地も誤って「オイスターベッド」（牡蠣床(かきどこ)）と呼ばれてしまいました。

そして、ついに生物学史に残る大発見がなされたのですが、もし、そこに生物学者がいたら、どれほど狂喜乱舞したことでしょうか。海底から細長い白い茎が立ち上がり、その先端には真紅(しんく)の花が咲いている、いままで見たことがない不思議な〝白茎紅花〟の生物が生えていたのです（図３－５）。それは無数に生えていて、まるでお花畑のようでした。

海底の亀裂から湧きだす水温一七度（℃）の〝ぬるま湯〟に煽られてゆらゆら揺れるお花畑を、地質学者たちは「ガーデン・オブ・エデン」（エデンの園）と名付けました。それまで〝深海砂漠〟といわれるほど不毛の地だと思われていた深海底ですが、陸上の砂漠にオアシスがあるように、まさにここは〝深海オアシス〟でした。それが、まさか海底火山の海底温泉にあったとは！

「アルビン」はシロウリガイ、シンカイヒバリガイ、そして、白茎紅花の謎の生物などを採集して母船に戻りましたが、母船には生物サンプル保存用のアルコールやホルマリンがありませんでした。乗船していた大学院生がほんの少量のホルマリンを持っていただけ。やむにやまれず、最後の寄港地パナマで積み込んだウォッカ（アルコール度数の高い蒸留酒）に浸けたりもしましたが、もちろん足りませんでした。特に白茎紅花の生物は〝世紀の大発見〟です、最重要の貴重品でした。

　この謎の生物の〝白茎〟は、白くて細長くて固いチューブ（管）です。その中に、ミミズのように細長い軟体のワーム（蠕虫）が入っていましたので、とりあえず**チューブワーム**と呼ばれました。そのワームの上端に〝紅花〟があるのですが、これはいわゆる花ではなく、鰓でした。魚のエラのように、まわりの海水から酸素O_2を取り込むエラです。そして、さらに、後で詳しく述べますが、酸素O_2だけでなく火山ガスをも取り込む〝すごいエラ〟がチューブワームの〝紅花〟なのでした。

図3-5　ガラパゴスリフトに生息するジャイアント・チューブワーム *Riftia pachyptila*（和名ガラパゴスハオリムシ）、2011年撮影。白くて細長くて固い管（チューブ）の中にミミズのように細長い軟体のワーム（蠕虫）が入っています。チューブの径は最大4㎝、長さは最大2m以上にもなります。

花といえば植物ですが、太陽光が届かない暗黒の深海に植物は生えませんから、チューブワームは動物です。動物は、何か食べものを食べなくてはなりません。でも、食べ物が少ない深海砂漠に、どうしてこんなにたくさんのチューブワームが生えているのでしょうか。陸上の砂漠なら水があればオアシスができますが、深海砂漠では何が深海オアシスをつくっているのでしょうか。ヒントは〝臭い〟にありました。

「アルビン」が採取した熱水サンプルの容器を開けると腐卵臭が母船の実験室に充満しました。それは人体には有毒な火山ガス成分である**硫化水素**H_2Sの臭いで、すぐに窓を開けなければならないほどでした。地質学、生物学、そして、ついに化学の面でも大発見です。これほどの〝発見の航海〟は、あのコロンブスの〝新大陸発見の航海〟を彷彿(ほうふつ)とさせますね。ガラパゴス諸島の正式名称が「コロン諸島」であることを思い出さずにはいられません（**19ページ**）。

奇跡の年1979　ガラパゴスリフトと東太平洋海膨（そして、木星の衛星イオ）

二年後の1979年の最初の航海で（一月〜三月）、「アルビン」は再びガラパゴスリフトの86°Wに潜りました（第八七七〜九〇五潜航）。しかも、今度は深海生物が専門の生物学者を引き連れて。そして、「エデンの園」から西へちょうど一〇㎞ほどの新しい場所(サイト)に、しばしば高さ二mを超えるチューブワーム——**ジャイアント・チューブワーム**——の群生地が発見されました。そこは「ローズガーデン」（バラの園）と名付けられ、今度こそ、生物標本は然るべく保存され、後日の精細な実験や分析に供されることになりました。このうち、「アルビン」第八八九潜航で採った体長一・五ｍのチューブワーム個体がこの生物の分類における正基準標本となり、この種は米国立自然史博物館（スミソニアン博物館）のメレディス・ジョーンズ博士（当時五〇代前半）により *Riftia pachyptila* Jones, 1981と正式に命名されました（和名はガラパゴスハオリムシ）**注3－2**。

注3－2　口も胃腸も肛門もない〝チューブワーム〟の存在はガラパゴス以前にも断片的・散発的に知られていましたが、大量の群生はガラパゴスリフトでの発見が初めてでした。そして、さすが〝謎の生物〟だけあって、その分類は紆余曲折を経ました。生物分類の大きなカテゴリーでいうと確かにずっと動物界ではありましたが、その下の「門」という高い階級でチューブワーム専用の門がつくられたり、あるいは「科」という低い階級でまとめられたりしました。２０１９年11月現在、環形動物門の多毛綱のケヤリムシ目のシボグリヌム科に34属２４０種がまとめられています（表３－１）。

さて、ローズガーデンの後（四月～五月）、「アルビン」は母船に載せられてガラパゴスリフトの86°Ｗから約三千㎞北西の地点に移動しました。ここは海底拡大軸である東太平洋海膨の「北緯二一度」（21°Ｎ）という地点で、地球最強クラスの熱水噴出が予想されていました。そして潜ったところ、ついに三八〇度（℃）という高温熱水の噴出を発見しまし

年	種	属	科	目	綱	門
2019	**240種**	**34属**	**シボグリヌム科**	**ケヤリムシ目**	**多毛綱**	**環形動物門**
1997			**シボグリヌム科**	**ケヤリムシ目**	**多毛綱**	**環形動物門**
1985						ハオリムシ門
1981	***Riftia pachyptila*** ガラパゴスハオリムシ	***Riftia*** **リフチア属**	*Riftiiae* リフチア科	ハオリムシ目	ハオリムシ綱	ヒゲムシ門
1969				ハオリムシ目		
1944						ヒゲムシ門
1937				ヒゲムシ目		
1933			ケヤリムシ科			
1914			シボグリヌム科			

表3-1　チューブワームの分類の変遷。口も胃腸も肛門もない“チューブワーム”を含む分類群を灰色で示しました。チューブワーム専用の「門」がつくられたこともありました。ガラパゴスハオリムシ（*Riftia pachyptila*）が新種として認定された1981年には“ヒゲムシ門”がつくられましたが、1997年から「シボグリヌム科」でまとめられています。現時点（2019年11月）で認められている分類群は太字で示してあります。

た。それはまさに横綱級の熱水噴出孔で、まるで黒煙を吐くように黒い熱水を噴出する様から**ブラックスモーカー**と呼ばれました。熱水が黒いのは大量に含まれている硫化鉱物に黒っぽいものが多いからです。そして、ブラックスモーカーに見え隠れするように、ここにも無数のジャイアント・チューブワームが群生していました。

もちろん、三八〇℃の高温熱水に触れたらチューブワームだって火傷を負って死んでしまいます。でも、熱水噴出孔の〝孔径〟はせいぜい十㎝もありません。ほんの小さな孔からいくら高温の熱水が噴き出したところで、周囲にある大量の海水の温度はたった二℃、孔からほんの少しでも離れれば水温は二、三〇℃と〝適温〟になるので、チューブワームも孔のすぐ近くで生活できるのです。

温度でいえば、ガラパゴスリフト86°Wの熱水噴出孔は、必ずしも高温のブラックスモーカーではなく、せいぜい二、三〇℃で無色透明の〝温水湧出〟でした。言ってみれば〝ぬるま湯〟で、そのままでチューブワームの生活に適温です。でも、もし東太平洋海膨21°Nの高温熱水噴出を横綱級とするなら、ガラパゴスリフト86°Wの温水湧出はやや見劣りするかもしれません（後述しますが、２００５年にガラパゴスリフト86°Wでもブラックスモーカーが見つかりました）。温度では見劣りするかもしれませんが、プレートテクトニクスの予言を実証したこと、そして、誰も想像していなかったチューブワーム群生を発見したことがガラパゴスリフトの強みです、「深海の聖地」と呼んで良いでしょう。

図3-6 木星の第一衛星イオ。NASAの宇宙探査機「ボイジャー1号」が1979年に撮影したもので、イオの輪郭に火山の噴煙がみえます。これは地球外天体で初めて観察された火山活動でした。現在までにイオには150個以上の活火山が見つかっています。

さて、「アルビン」がガラパゴスリフト86°Wに潜っていた頃、NASAの宇宙探査機「ボイジャー1号」**注3－3**が木星に最接近（フライバイ）し、木星とその衛星の観測や写真撮影を行いました。三月八日（アルビンの第八九八潜航の日）、木星系から飛び去るのを惜しむように、ボイジャー1号が振り返って撮影した写真の中に木星の第一衛星イオの姿がありました。ボイジャー1号とイオと太陽の位置関係から、イオは三日月のように写りました。翌日、画像解析を担当していた女性技術者リンダ・モラビトさん（当時二五歳）が、画像上のイオの輪郭をくっきりさせようとしていたとき、〝噴煙〟に気付いたのです（図3－6）。彼女は同僚に確認してもらい、上司にも相談して[10]、これは「世界初の地球外天体での火山活動」であると発表しました[11]。

注3－3 「ボイジャー1号」は2012年に（重力的な太陽系ではなく）物質的な太陽系、すなわち太陽

からのプラズマ粒子の流れである「太陽風」が及ぶ範囲＝太陽圏を脱出して、恒星間宇宙に入りました。２０１９年11月現在、ボイジャー１号は太陽から二二〇億㎞の宇宙空間を秒速一七㎞で飛行中です。

どうして木星の第一衛星イオに火山活動があるのか、それについてここでは詳述しません。大事なことは、第一衛星に火山があるなら、第二衛星や第三衛星などにも火山があってよい、ということです。しかし、仮にそれらの衛星に火山があるとしても、それを見ることはできません。なぜなら、第一衛星イオと違って、第二、第三衛星は氷に覆われているからです。でも、氷の下には必ずや火山があるはずです。つまり、氷の下に火山の熱で氷の底が融けて、液体の水になっているはず。氷の下に〝海〟があり、その海の底に海底火山があるはず。地球の海底火山、ガラパゴスリフトや東太平洋海膨には謎の深海生物チューブワームが住んでいます。では、木星の衛星の海底火山にもチューブワームがいるでしょうか。そういうＳＦみたいな話が、イオの火山の発見の後、すぐに出てきたのです。実に１９７９年は地球科学、生物学、そして、惑星科学における奇跡の年、ミラクルイヤーだったのでした。

チューブワームの秘密――非ダーウィン的な共生進化というマジック

チューブワームはどうして「木星の衛星にもいるか」と問われたのでしょうか。その理由は、チューブワームは「太陽の恩恵にあずからない」からです。その内容を順番に説明していきましょう。まず、チューブワームは動物なのに何も食べません。そもそも食べるための口がないし、胃腸や肛門などの消化器系の器官がありません。何も食べずに生きられるのは植物です。植物は何も食べない代わりに（自然界では太陽の）光を浴びて自分で栄養をつくります。いわゆる**光合成**ですね。自分で栄養をつくる点を強調して、専門的には**光合成独立栄養**ということもあります。これに対して、動物が食べものを食べる、すなわち〝他者の体〟を食べることを**従属栄養**といいます。ここでいう〝従属〟は被支配ではなく〝他者に依存〟していることを指します。

チューブワームは動物なので従属栄養のはずですが、何も食べないので、外見的には独立栄養を営んでいるように見えます。太陽の光が届かない暗黒の深海底でどうやって？それは、太陽光の代わりに火山ガス（**硫化水素**H_2S）をエネルギー源にした独立栄養です。太陽の光エネルギーの代わりに火山ガスの化学エネルギーを使うので、専門的には**化学合成独立栄養**といいます。光合成と化学合成はエネルギー源が光か化学反応かが違うだけで、栄養をつくる仕組みは同じです 注3-4。

栄養をつくる仕組みは、光合成では**暗反応**とよばれる部分で、**二酸化炭素**CO_2（無機物）から自分の体や栄養（有機物）をつくる一連の化学反応です。これができるのは植物と藻類と一部の**微生物**だけで、チューブワームや人間を含む動物と菌類（カビ、キノコなど）はできません。チューブワームが独立栄養を営んでいるように見えるのは、それができる微生物が体内に共生しているからです（図3－7）。

注3－4 チューブワームの共生微生物には**硫黄酸化細菌**などがいますが、彼らは植物や藻類と同じ仕組み（**カルビン回路**）で有機物をつくるほか、違う仕組み（**逆TCA回路**）でもつくることができます。

白いチューブの先端にある赤い花弁のような鰓（えら）を介して、熱水噴出孔の周囲の海水から酸素O_2と火山ガス（硫化水素H_2S）を取り込んで、体腔（トロフォソーム）に共生する微生物（硫黄酸化細菌など）に送ると、それらが化学合成独立栄養を営んで有機物をつくります。チューブワームからあり余る火山ガスをもらった微生物はあり余る有機物をつくり、余った分をチューブワームにお返しするのです。これはチューブワームと微生物の共同作業、厳密な意味での**共生**です。生物界広しといえども、これほど見事な共生は他にありません。

いや、ありました、二例ほど **注3－5** 。それは僕たち人間を含む動物や植物などの細胞の中にある**ミトコンドリア**と、植物と藻類の細胞の中にある**葉緑体**です。それらは、いまでこそ動物や植物の細胞の一部のような顔をしていますが、もともとは酸素呼吸や光合成を行う微生物でした。それがいまから十億～二十億年前に動物や植物の〝祖先〟の細胞

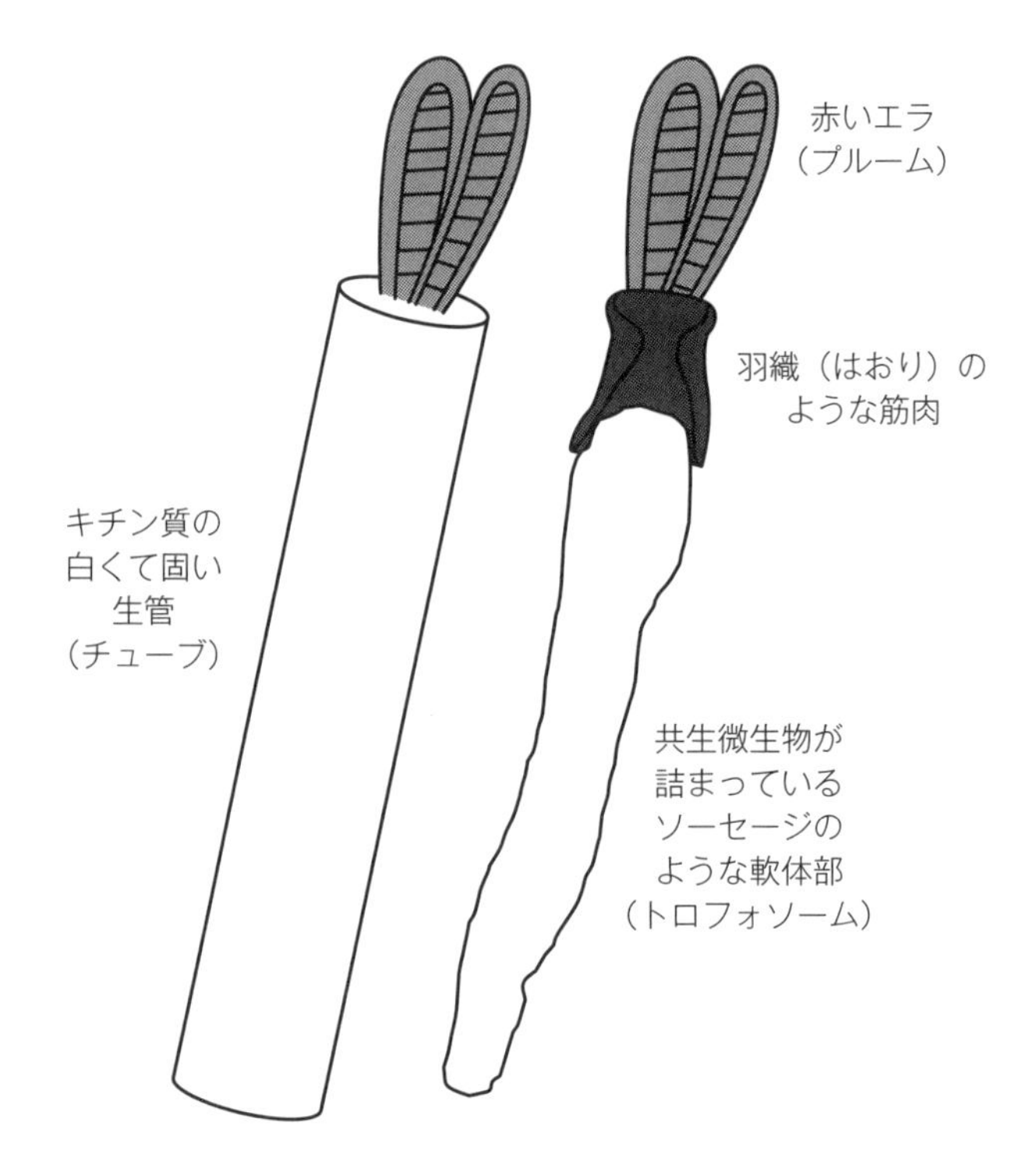

図3-7　チューブワームの体構造の概略。軟体部の先端の赤い花弁状の部分は鰓（エラ）に相当する器官で「プルーム」と呼ばれています。プルームの下には軟体をチューブに固定したり、プルームを出したり入れたりするための“筋肉”があります。筋肉の下には、軟体部の大半を占める「トロフォソーム」という体腔があり、そこに共生微生物が詰まっています。軟体部に血管や心臓などの循環器系や脳ー神経系はありますが、口や胃腸や肛門などの消化器系の器官はありません。

の中に侵入して共生関係を結んで居座（いすわ）ったものが、現在のミトコンドリアと葉緑体という**細胞内小器官**なのです。この二例は、ダーウィンが唱えた「突然変異と自然選択」にもとづいた進化論とは違う仕組み――**細胞内共生**――によってなされた例外的な（非ダーウィン的な）、しかし、重要な進化でした。

注3―5　もしかしたら三例かもしれません。硫黄酸化細菌などの微生物は細胞核のない原核生物ですが、動物や植物などは細胞核のある真核生物です。この真核生物の「真核細胞」の起源は、もしかしたら、ある原核生物が別の原核生物に細胞内共生したものかもしれないという説がありますので、それを含めると三例になります。

実はチューブワームの共生微生物も、チューブワームの体内どころか、細胞内に侵入していています。まだチューブワームの親から子へ伝わるほど〝居座って〟はいないのですが、やがて親から子へ遺伝する時が来るでしょう。それはまさに〝第三の共生進化〟になるはずです。一回目は動物を生み、二回目は植物を生んだ細胞内共生進化、三回目が果たされた暁（あかつき）にチューブワームは、動物でも植物でもない、何と呼ばれることになるのでしょうか。

生物進化における〝第六のイベント〟

生物進化における重要な出来事（イベント）を挙げるとしたら、〝起源〟が好きな僕はこの五つを挙げます。

1　生命の起源：地球では約40億年前に生命が発生したと考えられています。その過程について、『種の起源』（１８５９）を著したダーウィンは友人への手紙（１８７１）の中で「小さな温かい池で化学反応によって生命が生じる可能性」に言及しましたが（第2章の注2―3）、現在でも諸説紛々としていて、まだ定説はありません。ただし、発生直後の生物は硫黄酸化細菌などと同様、細胞核のない原核生物だったと考えられています。

2　真核生物の起源：これは〝動物や植物の祖先細胞〟の起源でもあります。先述したように〝原核生物同士の細胞内共生〟が起源だったかもしれませんが、諸説あって、まだ定説はありません。ただし、最初の真核生物はアメーバーやミドリムシのような単細胞だったことでしょう。

3　性の起源：すでに単細胞の微生物にその兆候がありますが、〝性の意味〟には諸説あって、まだ定説はありません。

4　多細胞の起源：もしかしたら、卵子や精子などの生殖細胞と、それを守るための体細胞との「分化」が関係しているかもしれません。

5　死（寿命）の起源：生殖細胞が融合して次世代が育ったら、体細胞は役割を終えて消えます。おそらく、そのためのプログラムとして「死」あるいは「寿命」が発生したのでしょう。人間にとって悲劇なのは〝死すべき体細胞〟のほうを〝本体〟だと意識していることです。だから人間は〝死なない体細胞〟を求めるのです。

　前述した「細胞内共生進化」は、ここでは「2　真核生物の起源」に関連しています。太古の地球環境には酸素O_2がありませんでしたが、初期生命のひとつであるシアノバクテリアが光合成をして酸素を発生することで、二五億年前を境に大気中に酸素が増えていきました。この地球史的な出来事は**大酸化事変**といいます。人間のように**酸素呼吸**をする生物には朗報に聞こえます。しかし、それまでの生物は酸素に慣れておらず、酸素はむしろ有害でしたので、この出来事はまた「酸素カタストロフ」とも呼ばれています。

　地球の生物がこのカタストロフ（大災厄）で死滅しなかったのは、ある種の微生物（原核生物）——現生のα（アルファ）プロテオバクテリアの祖先——が進化して「酸素呼吸」の能力を得たからです。他の微生物（原核生物）はこのα（アルファ）プロテオバクテリアの祖先と共生することで、いや、それを細胞内共生させることで、酸素カタストロフの大災厄を生き延びたのでしょう。これが真核生物の起源であり、細胞内に居座る「ミトコンドリア」の起源だというのです。

　ただ、これだけではまだ「動物細胞」の起源でしかありません。ミトコンドリアを得た動物細胞に、さらにシアノバクテリアを細胞内共生させて「葉緑体」にしたことが「植物細胞」の起源だと考えられています。つまり、植物は、もともとは動物だったのに、シアノバクテリアに細胞内で光合成させるから、もう自分で食べものを食べる必要がなくなった、ということです。これ、チューブワームに似ていませんか。チューブワームももともとは動物ですが（現在でもまだ動物とみなされていますが）、硫黄酸化細菌すなわちγ（ガンマ）プロテオバクテリアを細胞内共生させることで、自分で食べものを食べる必要がなくなったのです。チューブワームは実に植物的な動物であることがわかるでしょう。

チューブワームが硫黄酸化細菌を親から子へ遺伝するようになり、真の細胞内共生を果たした暁には、チューブワームは動物でも植物でもない新しいカテゴリーの生物になります。そして、それは太陽の恩恵にあずからず 注3-6 、地球内部に由来する火山ガスで生きていく生物です。水と火山、つまり海底火山があれば太陽は要らないという生物です。これにより、木星の衛星、特に第二衛星エウロパの海底火山にチューブワームのような生物が存在する可能性を想定できるようになりました。地球から地球外天体へ、深海生物学から宇宙生物学へ、生命の可能性を広げてくれるチューブワームの進化は、僕には生物進化における〝第六の出来事〟に思えてならないのです。

注3-6 チューブワームも僕たち人間と同じように酸素呼吸をして生きています。その酸素O_2はシア

ノバクテリアや植物が光合成をして発生しています。その意味で、チューブワームといえども完全に〝太陽に背を向けている〟のではなく、酸素発生型の光合成生物を介して太陽に依存しています。僕の言葉だと〝太陽に半分だけ背を向けている〟ということになります。

ガラパゴスリフト後日談

熱水噴出孔の生物学的な意義を、生息環境の面から見てみましょう。砂漠とオアシスの関係でいえば、砂漠は光はあるけど水がない、でも、そこに水があればオアシスになります。それと同様に、深海砂漠は水はあるけど光がない、そこに、もし光があればいいですが、暗黒の深海底に光はありません。では、光の代わりに何があれば深海オアシスになるでしょうか。それは火山ガスでした。水があって火山ガスがあれば、そこはオアシスになるのです。ローズガーデンに代表される「ガラパゴスリフト86°W」は初めて発見された深海オアシスでした。これはまた同時に、プレートテクトニクスの予言どおりに発見されたので、地球科学の歴史においても金字塔的な発見となったのです。

さて、そのローズガーデンの後日談になりますが、2002年に「アルビン」が再々訪したとき、前回の再訪時からそれまでの間に海底火山の噴火があったのでしょう、ローズガーデンは溶岩に覆われてしまっていました。そこにいたチューブワーム達はおそらく全滅したものと思われました。ところが、すぐ近くの新鮮な溶岩の上に、ほんの二、三㎝の若いチューブワームがもう住みついていました。これから大きくなり、かつ、個体数も増えていくのでしょう。この場所（サイト）は、新たなチューブワーム群落の萌芽という意味で「ローズバド」（バラの芽（め）・蕾（つぼみ））と名付けられました

　ローズガーデンからローズバドへの移り変わりはわずか四半世紀の間に目撃されました。ここでわかったことは、チューブワーム群落の命運は熱水噴出孔の〝寿命〟あるいは〝安定性〟にかかっているということです。ローズガーデンについていえば、その誕生がいつだったか記録がないので、その寿命は不明のままです。また、そもそも熱水噴出孔の初発見（１９７７）からまだ半世紀も経っていないので、熱水噴出孔の平均的な寿命もわかりません。ただ、ローズバドの誕生はよく記録されているので、今後の継続的なモニタリングにより、熱水噴出孔の寿命、ひいてはチューブワーム群落の命運もよくわかるようになるでしょう。

　さらに後日談ですが、２００５年12月に行われた深海曳航（えいこう）調査により、ガラパゴスリフトのさらに西側、西経九二度（92°W、水深約一六〇〇〜一七〇〇ｍ）と九四度（94°W、水深約二四〇〇ｍ）の地点で黒煙のような高温熱水を噴出する「ブラックスモーカー」群が三ケ所の狭い範囲（フィールド）（熱水噴出域）で発見され、92°Wの二ケ所は「イグアナ」と「ペンギン」、94°Wの一ケ所は「ナビダッド」と名付けられました[12]。ナビダッドは〝クリスマス〟を意味するスペイン語で、発見時がクリスマスシーズンだったことにちなんでいます。

ガラパゴスリフトでのブラックスモーカーの発見は、これが初めてのことでした。ブラックスモーカーは一般に高温熱水を噴出しているので、この発見をもってガラパゴスリフトの熱水噴出孔もやっと東太平洋海膨と同じくらいの〝横綱級〟になったといえるでしょう。記念すべき「ガラパゴス１９７７」から二八年も経っての〝昇進〟でした。そして、これがきっかけになって、２０１５年に無人探査機「ハーキュリーズ」で92°Wの「イグアナ―ペンギン」サイトの再訪が三つの団体の共同調査として行われました。

三つの団体とは、まず、無人探査機「ハーキュリーズ」とその母船を提供した「オーシャン・エクプローレーション・トラスト」（海洋探査財団）。これは、あの「ガラパゴス１９７７」の調査を率い、１９８５年にあの豪華客船「タイタニック号」の沈没船体を発見したロバート・バラードが代表者の団体です。そして、ガラパゴスの自然環境の研究と保全を目的とした「チャールズ・ダーウィン財団」および「ガラパゴス国立公園局」。この二つが参加した理由は、調査地点（イグアナ―ペンギン・サイト）が**ガラパゴス海洋保護区**に入っていたからですが、それが吉と出ました。なぜなら、その後の環境保護を必要とする新発見があったからです。それは深海エイ（ソコガンギエイ属）の一種 *Bathyraja spinosissima* の卵嚢でした（図３―８）。

この地点で熱水噴出のないふつうの水温は二・七六度（℃）でした。ところが、撮影した計一五七個の卵嚢のうち一四〇個（約九〇％）の地点で水温はそれ以上だったことから、

図3-8 深海エイ（ソコガンギエイ属）の一種 *Bathyraja spinosissima* の卵嚢。ガラパゴスリフト92°Wの水深1649～1666mの「イグアナ-ペンギン」熱水噴出域で発見されました。卵嚢の大きさは“角から角”までの長辺が約20㎝です。無人探査機が計157個の卵嚢を撮影するとともに水温計測し、そのうち4個をDNA分析用に採取しました。
Deep-sea hydrothermal vents as natural egg-case incubators at the Galapagos Rift
Pelayo Salinas-de-León, Brennan Phillips, David Ebert, Mahmood Shivji, Florencia Cerutti-Pereyra, Cassandra Ruck, Charles R. Fisher & Leigh Marsh

この深海エイは熱水噴出孔の周辺を孵卵器のように利用しているという仮説が提唱されました[13]。実際に、火山の地熱を利用して卵を孵化させるトンガツカツクリ（*Megapodius pritchardii*）というキジ目の鳥がいます[14]。また、白亜紀の恐竜は（現在の）アルゼンチンのサナガスタ国立公園の地熱地帯で卵を孵化させていたようです[15]。しかし、まさか海底火山の熱を利用する深海魚がいようとは、驚きの発見でした。この場所は、ガラパゴス諸島で最北端のダーウィン島から北へ四五km、ガラパゴス海洋保護区に入っていますので、〃孵卵場〟仮説を検証するためにも、しっかり保護してほしいと思います。

ガラパゴスリフトの保護、開発、そして、海洋環境への影響

ガラパゴスリフト92°Wの「イグアナ―ペンギン」サイトはいまや、単にブラックスモーカーがあることだけでなく、深海エイの〝孵卵場〟があることによっても、そして、ガラパゴス海洋保護区に入っていることによっても、超一級の重要サイトになりました。ガラパゴス保護区については**第五章**でまた触れようと思いますが、ここでの問題は、保護区に入っていない熱水噴出孔です。

２０１３年の論文によると、世界中の熱水噴出孔（より正確には熱水噴出域）のうち、**鉱物資源開発**から守られているのは一八％、海洋保護区に入っているのは八％しかないそうです。[16] 熱水噴出孔は、僕が学生の頃は**熱水鉱床**と呼ばれるほうが一般的で、金・銀・銅その他の鉱物資源開発の対象として調査研究が進められていました。いまでもそうです。たとえば、１９７６年のガラパゴスリフト「プレアデス航海」（86ページ）で調査した「ガラパゴスマウンド」はおもに鉄・マンガン・ケイ素からなり、さまざまな金属元素の沈殿帯（鉱床形成の場）であることが報告されました。[17] プレートテクトニクスの実証という学術目的の背景に鉱物資源探査の意図もあったのです。

世界中の熱水噴出孔のデータベース「InterRidge Vents Database Ver. 3.4」には、

２０１９年11月現在で七一九ヶ所の熱水噴出域が掲載されています。個々の孔（あな）（vent）でなく域（field）としたのは、ある狭い範囲（field）でまとめたほうが実用的だし、地球科学的・生物学的にそれで十分に有用だからです。先ほどの２０１３年の論文では五二一ヶ所でしたが、いまは七一九ヶ所と分母が大きくなったので、保護されている熱水噴出域の割合はもっと低いはずです。

　また、この七一九ヶ所は調査・記録されたものであり、未調査・未記録のものはカウントされていません。ガラパゴスリフトや東太平洋海膨などの海底拡大軸は、まるで野球のボールの縫い目のように地球をとり巻き、その総延長は八万㎞ともいわれています。そこに熱水噴出域は何㎞ほどの間隔で存在するのでしょうか。最近の研究では、それまでの常識より短い三〜二〇㎞と見積もられています[18]。すると、八万㎞のうちに四〇〇〇〜二万六〇〇〇ヶ所もあることに！

　こんなにたくさんの熱水噴出域があったら、そこから噴出する熱水が海全体に対して何らかの影響を与えているのではないでしょうか。いままでは、ほんの一〇㎝もない小さな〝孔〟から少しばかりの〝お湯〟が出たところで、それはすぐに冷めてしまうし、化学成分も薄まってしまうし、沈殿するものはすぐに沈殿して鉱床になると思われていました。でも、最近の研究により、本来ならすぐに沈殿してしまうはずの鉄分が意外と遠くまで広がるといわれはじめました。これを〝熱水漏れ〟仮説（leaky vent hypothesis）といいます[19]。実際、東太平洋海膨から噴出した熱水中の鉄分が、まるで煙が風に吹き流されるように、上向き（浅いほう）にはいかず横向きに四〇〇〇㎞も広がっていくことが観測されています[20]。

鉄分は、人体には「たくさんは要らないけど、ある程度の量は必要」です。毎日食べるご飯が主要栄養素（マクロニュートリエント）であるのに対し、鉄分は微量栄養素（マイクロニュートリエント）です。これは海の生態系においても、特に生態系を支える光合成生物（陸では植物、海では海藻と植物プランクトン）においても当てはまります。熱水噴出孔から大量にでてくる鉄分が、沈殿もせず、横ばかりに広がりもせず、太陽光の届く浅い海に上がってきてくれたら、海はどれほど豊かになることでしょう。次の**第四章**では、その話をします。

第四章

豊饒（ほうじょう）の海の聖地

——湧昇（ゆうしょう）と鉄

ガラパゴスの海――舞台：海流の十字路

僕は大学で「生物海洋学」という講義を担当していますが、最近はガラパゴスを題材に取り上げるようになりました、と**第一章**で述べました。その理由は、生物海洋学が対象とする「海を舞台にした生命ドラマ」の舞台・舞台装置・役者・シナリオのすべてにおいて、ガラパゴスのものが第一級だからです。

ここで、おさらいしておくと、まず舞台となるガラパゴスの海は「海流の十字路」という特徴があります。**第一章**では五つの海流を挙げました（図1―3、32ページ）。名前を再掲すると、ペルー海流（フンボルト海流）、南赤道海流（以下赤道海流）、北赤道反流（以下赤道反流）、パナマ海流、そして、赤道潜流（せんりゅう）（クロムウェル海流）の五つです。だから、十字路（四叉路（よんさろ））ではなく五叉路ではないのかと思われるかもしれません。でも、赤道潜流（クロムウェル海流）は表面からは見えない下層流で、目に見える表層流は四つですから、文字通り〝表面的〟には十字路（四叉路）に見えるのです。

さて、これら五つの海流のうち、ガラパゴスへ生物を運んできたのは、暖流のパナマ海流（イグアナやアシカ）、赤道海流（ゾウガメ）、そして、寒流のペルー海流（ペンギンやオットセイ）でしょう。鳥や植物は風に乗って来たものと思われます。一方、ガラパゴスの海を豊饒（ほうじょう）にする**無機栄養分（ミネラル）** **注4―1** を運んでくるのは、ペルー海流とそれが合流する赤道海流、そして、下層の冷たい赤道潜流です。では、温かいけれど無機栄養分に乏しい赤道反流とパナマ海流は役に立っていないのでしょうか。いえ、それらが優勢になる一二月～五月は、ガラパゴス諸島に慈雨が降り、大地の生きものは水の恵みを享受します。ガラパゴスは冷たい水が海に無機栄養分をもたらし、温かい水が陸に雨をもたらす、海陸ともに「海流の十字路」の恩恵に与った、地球でも奇跡的な場所なのです。

さらに、島々に降った雨水が土地を流れて海に入るとき、島々をつくる岩石からある栄養素が溶け込んで海に供給されます。その栄養素とは、この章の主役である**鉄分**です。たとえば、ラビダ島（表1－1の14番、23ページ）には真っ赤な砂浜があります。これは溶岩に含まれていた鉄分が錆びた**酸化鉄**の色です。顔料（着色剤）でいうと弁柄ですね。こういう鉄分が少しずつでも雨水に溶けて海に入ると、それが海の生態系の生産力をアップさせます。実は、その鉄分パワーの科学的な証明において重要な役割を果たしたのが、やはり、ガラパゴスの海なのです。この章では、そのことについて述べたいと思いますが、その前に、ガラパゴスの海の舞台装置「湧昇」について説明しましょう。

注4－1　ここでいう無機栄養分は、無機窒素（硝酸イオン、亜硝酸イオン、アンモニウムイオンなど）と無機リン酸、そして、ケイ酸を指します。窒素とリンはタンパク質や脂質、核酸（DNA、RNA）などの成分ですし、ケイ酸は重要な植物プランクトンである珪藻のガラス質の被殻（細胞壁に相当）の成分になります。これらの無機栄養分は、専門的には**無機栄養塩類**と呼ばれています。

ガラパゴスの海――舞台装置：湧昇の十字路

ガラパゴスの海に無機栄養分（無機窒素、無機リン酸、ケイ酸）をもたらす海流は、ペルー海流、南赤道海流、そして、赤道潜流です。これら三つの海流が**湧昇**という海洋現象を起こすことで、無機栄養分に富んだ深層水が、無機栄養分に乏しい表層に、湧き昇ってくるのです。光がある表層に無機栄養分が供給されると、植物プランクトンが大量発生します。それを動物プランクトンが食べ、さらにそれを魚が食べるという**食物連鎖**により、魚類生産も大きくなる、それが湧昇の効果です。

ガラパゴスの海からズームアウトして地球全体を眺めると、湧昇域は全海洋面積のたった二％しかありません。しかし、このたった二％の面積で全魚類生産の約八〇％をまかなっているのです。この事実だけで、湧昇の効果の絶大さが分かると思います。では、その二％の面積しかない湧昇域はどこにあるのでしょう。大小さまざまな湧昇がありますが、ここでは人工衛星から見えるほど大きい湧昇について、そして、小さいけれどガラパゴスに豊かさをもたらす湧昇についても、述べましょう。

まず、人工衛星から見えるほど大きな湧昇には**沿岸湧昇**、**赤道湧昇**、**南極湧昇**の三タイプがあります（図4－1）。沿岸湧昇は北米大陸・南米大陸・アフリカ大陸の西側にみられます。これらの大陸では同じ緯度でも東側と西側では、西側のほうが低水温という特徴がありますの［注4－2］。それはアラスカや南極から寒流が来るためですが、同時に、冷た

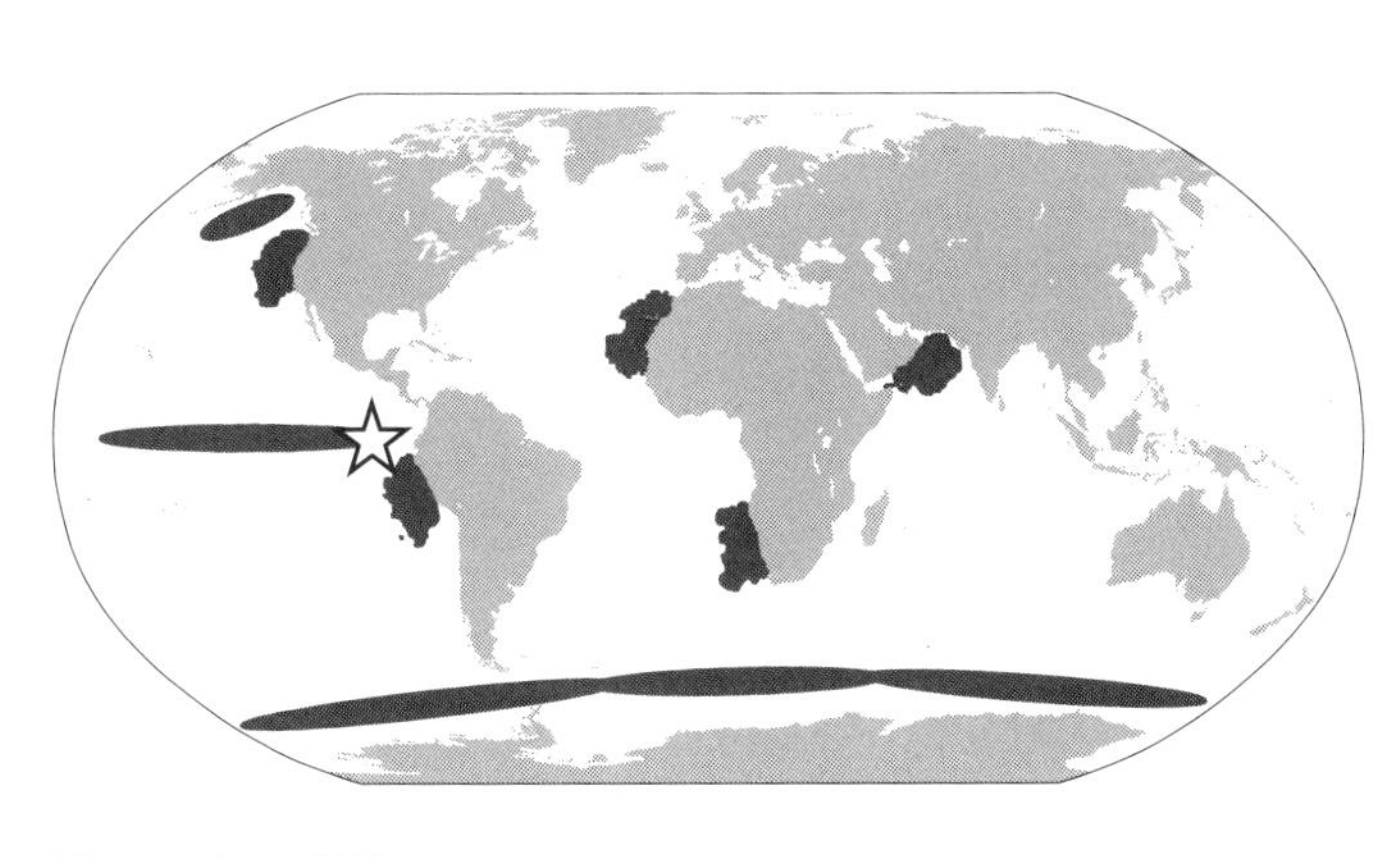

図4-1　大きな湧昇

い深層水が沿岸湧昇しているためでもあります。海流には**コリオリの力**という地球の自転に起因する力が作用して、北半球では進行方向に対して右向きに（南半球では進行方向に対して左向きに）海流が偏向します。たとえば、南米大陸の西側を流れるペルー海流は北上しながら左向きに、つまり、大陸から離れる向きに偏向します。すると、沿岸から離れ去る水塊を補うように深層水が上がってくる、これが沿岸湧昇です。

注4-2　大陸の東側の海流にもコリオリの力が働きますが、はっきりした沿岸湧昇には至りません。その理由は、かなり専門的になるので割愛しますが、用語だけ挙げておくと、コリオリの力の「β効果」による「ロスビー波」が作用して強い「西岸境界流」が発生することで湧昇が抑えられるからです。

南米大陸の西側、ペルー・チリ沖の沿岸湧昇は、植物プランクトンを大量発生させ、それを動物プランクトンが食べ、それらをアンチョビー（カタクチイワシ類）が食べる、という海の**食物連鎖**を活性化します。しかし、もしエルニーニョ（**第一章**、27〜28ページ）でこの湧昇が抑えられると、アンチョビー↓肥料（魚肥（ぎょひ））↓大豆↓豆腐という〝人間界の食物連鎖（経済連鎖）〟が不活性化し、地球の反対側の日本で豆腐の値段が高騰します。ペルー・チリ沖の湧昇はそれほど影響力が大きい湧昇なのです。

赤道湧昇は、太平洋や大西洋の赤道のところにコリオリの力が作用することで起こります。しかも、ちょうど赤道のところに、まるで誰かが定規で線を引いたかのように、直線状に発生します。これはコリオリの力が「赤道よりほんの少しでも北なら右向き、少しでも南なら左向き」に偏向するように作用するからです。赤道海流は西進しているので、表面水は右左（赤道の北と南）に割れるように離れます。そして、右左に割れたあとを補うように深層水が湧昇するのです。もし仮に、赤道海流が東進していたら、表面水は逆に赤道に向かって集まるように動き、海面は盛り上がるでしょう。しかし、実際には西進しているので、表面水が割れるように離れるのです。

南極湧昇も〝左右に割れるタイプ〟の湧昇ですが、これは同じ南半球で互いに逆進する二つの海流（東進する南極周極流、西進する南極沿岸流）にコリオリの力が「進行方向に対して左向きに偏向」するように作用して起こる湧昇です。これも人工衛星から見えるほど大きな湧昇ですが、ガラパゴスにはあまり関係ないので、ここでは割愛(かつあい)します。

これらに比べると小さいですが、ガラパゴスに関係ある湧昇として**島陰効果**(しまかげ)と僕が造語した**島塊効果**(しまくれ)にも触れておきます。ガラパゴスがある赤道帯は東風（**貿易風**）が吹きます。そもそも赤道海流が西進するのは、東風に吹き流されるからです。その東風が島に当たると、島陰（西側）の表層水が持っていかれ、それを補うように深層水が湧昇するのが島陰効果です（図4－2）。逆に、赤道潜流のような下層流が島の陸塊に当たって上る湧昇もあります。僕はそれを「島塊効果」と呼びたいと思っています。赤道潜流（クロムウェル海流）は、もしかしたら地球最強の海流かもしれませんので、ガラパゴス諸島の島塊効果による湧昇も想像以上に強大かもしれません。

こうしてみると、ガラパゴスの海には大規模な沿岸湧昇と赤道湧昇、そして、ローカルな島陰効果と島塊効果の湧昇があることが分かりますね。いわば四つの湧昇の十字路です。こんな海、他にどこにもありません、やはりガラパゴスの海は奇跡の海なのです。

HNLC問題から鉄仮説へ

こんな奇跡の海でも、ガラパゴスからちょっと離れると、もう生物が少ないし生産力も乏しい〝海の砂漠〟になってしまいます。湧昇のおかげで表層水には無機栄養分がたっぷりの富栄養(ふえいよう)なのに、なぜか植物プランクトンが少ない、だから、動物プランクトンも少な

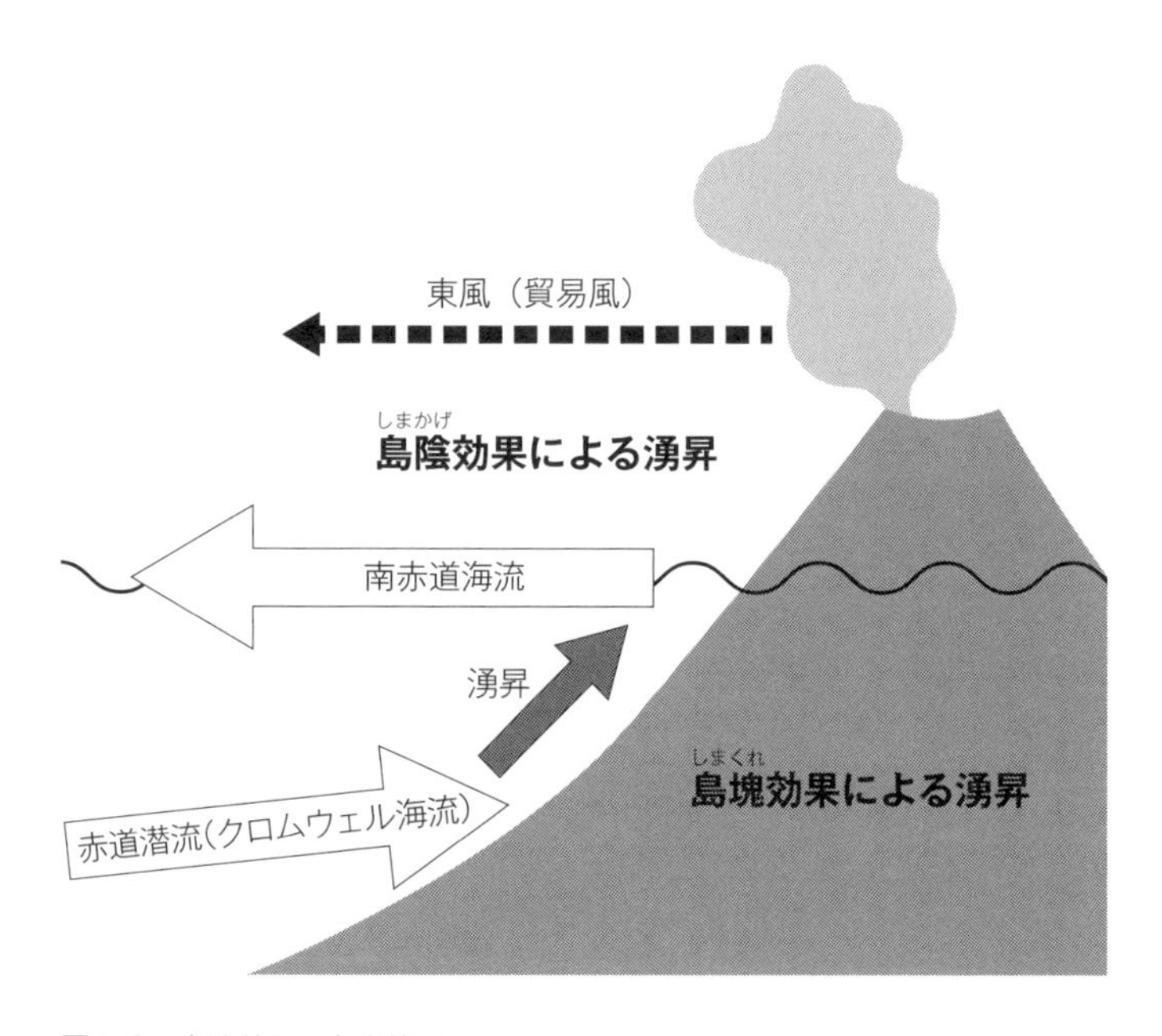

図4-2　島陰効果と島塊効果

いし魚も少ない。つまり、無機栄養分の濃度は高いのに植物プランクトンの濃度は低いという辻褄(つじつま)の合わない問題があるのです。

この問題が顕著な海域は**ＨＮＬＣ海域**と呼ばれています。ＨＮＬＣとは『高栄養―低クロロフィル」を意味する英語 high-nutrient low-chlorophyll の略称です（もともとは高窒素―低クロロフィルを意味する high-nitrate low-chlorophyll の略でした）。クロロフィルは光合成に必要な色素「葉緑素」のことです。クロロフィルａやｂやｃなどいろいろありますが、生物海洋学では植物プランクトンの濃度の指標としてクロロフィルａ濃度が用いられることが多いです。

代表的なＨＮＬＣ海域は、ガラパゴスを起点とする赤道湧昇帯、南極湧昇帯、そして、北太平洋の北部に知られていました。このうち、北太平洋の北部の湧昇は、他の湧昇とは異質な地球規模(グローバル)の大きなメカニズムで起こります。思いきり簡単にいうと、グリーンランドの沖で沈降して大西洋の海底を這うように南下し、南極大陸に当たるとインド洋、南太平洋へと東進し、やがて北上に転じて最終的に北太平洋の北部で上昇する**熱塩循環**あるいは**全海洋ベルトコンベヤー**という、二〇〇〇年もかかる長い旅の果てに湧昇するのです。ただ、この異質な湧昇もガラパゴスの海にはあまり関係ないので、ここでは詳しく触れません。

ＨＮＬＣ海域における問題の本質は、１９３０年代にはすでに「鉄不足」だと考えられ

図4-3 「鉄仮説」の提唱者ジョン・マーチン（1935-1993、享年58）
©NASA

ていました。しかし、海水中の鉄の濃度の測定はとても難しく、きちんとしたデータが得られませんでした。後で詳しく述べますが、海水中にほんのわずか鉄があれば、植物プランクトンの増殖に効果があるはずなのに、そのほんのわずかな鉄分を精密に測定する術（すべ）がなかったのです。それでも、長年の改良の末、１９８０年代になってようやく超精密分析ができるようになり、ついに１９８８年1月、ＨＮＬＣは鉄不足のせいだと特定した論文が出たのです。[21] この論文の著者はふたりとも、米国西岸カリフォルニア州の風光明媚なモントレー湾に面した小さな研究所（モスランディング海洋研究所）の所属で、主著者の**ジョン・マーチン**（図４－３）はその所長でした。

ジョン・マーチンはピコグラム（一兆分の一グラム）という極微量の鉄を検出する超精密分析法を開発して、この成果を得ました。そして、「鉄不足が植物プランクトンの生育を制限している」という**鉄仮説**を唱えたのです。この仮説によると、もし人為的に海に鉄を撒いたら、植物プランクトンが爆発的に生育しつつ二酸化炭素CO_2を吸収するので地球温暖化を防げる、いや、下手にやり過ぎると地球寒冷化して氷期を招きかねないというのです。論文が出た半年後（１９８８年7月）、マーチンが米国東岸マサチューセッツ州にある名門ウッズホール海洋研究所で講演したとき、「船半分ほどの鉄を賜れれば、氷河期を招いて進ぜよう」と締め括ったそうです、映画『博士の異常な愛情』（１９６４）のストレンジラヴ博士のアクセントを真似た冗談として。しかし、この冗談がやがて一大海洋実験として実現したのです。それは１９９３年10月に行われた**鉄散布実験** IronEx でした（後に続編の IronEx II も行われたので、最初の実験は IronEx I と呼ばれるようになりました）。

鉄散布実験 IronEx I

マーチンの「鉄仮説」は、あまりにも本質的で、衝撃的で、そして、一般受けしたので、研究者の中には敵意を露わにする者もいました。それでもマーチンは臆することなく、自説への信念を保ち、自説の証明に注力しました。そして、マーチンと仲間たちは実際の海に鉄を撒こうと考え、その現場実験（実証試験）の計画を練りました。しかし、１９９１年、マーチンは体の痛みを訴えるようになりました。医学検査をすると、なんと、前立腺ガンがあり、すでに全身に転移していたとのこと。家族と仲間たちに看取られて、

１９９３年6月、マーチンは「鉄仮説」が実証されることを心待ちにしながら逝きました。享年五八、いまの僕の年齢と同じ歳でした。

実は、マーチン逝去の前に、米国海軍研究局と米国立科学財団の支援を受けて、鉄散布実験「IronEx I」実現が決まっていました。マーチンはその航海に乗ることはできませんでしたが、１９９３年10月、マーチン逝去の四ヶ月後、仲間たちが実海域で鉄を散布する実験の現場へ赴きました 注4－3 。目指すは「ガラパゴスの海」から約四〇〇㎞南の南緯五度・西経九〇度（5°S、90°W）というキリのいい緯度・経度の地点でした。

> **注4－3** このときに使った調査船の名前は *Columbus Iselin* といいます。ウッズホール海洋研究所の所長として海洋学に多大な貢献をした海洋物理学者 Columbus O'Donnell Iselin 教授（ハーバード大学およびマサチューセッツ工科大学）にちなんだ名前だと思います。ただ、僕の調査が足りなくて読み方（発音）が分かりませんことをお詫びします。

ガラパゴスの約四〇〇㎞南の「5°S、90°W」は、すでに豊饒の海ではなく〝海の砂漠〟、ＨＮＬＣ海域です。ただ、ＨＮＬＣ海域は他にもあるわけで、その中から特にガラパゴスの南の海が選ばれた理由は、（IronEx I のちょうど二年前の）１９９１年10月に催されたシンポジウムで、鉄散布実験をするならここが好適だと太鼓判を押されたからでした。そのシンポジウムはマーチンの地元モントレーで開催されたので、すでに前立腺ガンが分かっていたマーチンは、命を削るような思いで参加したのではなかったでしょうか。

　さて、マーチンの遺志を継いだ仲間たちはガラパゴスの南の海へ到着し、四五〇kgの鉄を海に撒(ま)きました。単に〝鉄〟といってもいろいろな形がありますが、実用性と実効性の観点から硫酸鉄(Ⅱ)七水和物 $FeSO_4 \cdot 7H_2O$ が選ばれました。あらかじめ塩酸を加えて酸性(pH 2)にしておいた海水に二・二トンの $FeSO_4 \cdot 7H_2O$〔このうち四五〇kgが鉄Fe〕を溶かし、10月25日から26日にかけて、船尾からガラパゴスの約四〇〇km南の海に流したのです。そこは窒素(硝酸イオン NO_3^-)濃度一〇・八μM(マイクロモル)、クロロフィルａ濃度〇・二四μg/ℓ(リットル)の典型的なＨＮＬＣ状態でした。ここの八km四方の面積(六四km²)に硫酸鉄の溶液を撒いたところ、表層水に薄くひろがった鉄の濃度は10月27日に約四ｎＭ(ナノモル)——マーチンらの計算通り！——になりました(表層水が混合する深さ約三〇ｍまでの体積に薄まるとして計算した通りということです)。

　さあ、この鉄散布によって植物プランクトンは〝刺激〟されたでしょうか。すぐに現れた変化は光合成の活性(専門的には相対蛍光強度)でした。シアノバクテリアや〝ピコプランクトン〟と呼ばれる微小な植物プランクトンから渦鞭毛藻類、珪藻類まで、ほとんどの種類の植物プランクトンで光合成活性が三〜四倍も上がったのです。10月29日にはクロロフィルａ濃度が二・七倍に増え、光合成生産性は二・八倍、植物プランクトンの生物量(バイオマス)も二・一倍に増え、そして、それを食べる動物プランクトンの生物量も一・六倍に増えたのです。さらに表層水中の二酸化炭素CO_2もわずかながら減っていました。
　でも、10月30日には、表層水の鉄濃度が船上での測定限界（〇・三ｎＭ）を下回ってしまいました。その理由は、海水中で鉄が酸化して凝集し沈殿してしまうこと（マーチンらの予想通り）、八㎞×八㎞の正方形が延びて八㎞×一二㎞の長方形になってしまったこと（だいたい予想通り）、そして、南西から低塩分の水塊がやってきて、せっかく鉄を撒いた水塊の上に乗っかってしまったからです（ちょっと予想外）。それでも、鉄を撒きはじめてから三〜四日のうちに植物プランクトンがやや増えてCO_2がちょっと減ったのでした。[22]
　世界初の鉄散布実験 IronEx I はマーチンの鉄仮説を証明したことになったのでしょうか。正直なところ、これだけではまだ〝弱い証明〟に過ぎませんでした。表層水中の鉄が急になくなってしまったこと、植物プランクトンがあまり増えなかったこと、CO_2がほんの少ししか減らなかったことなどが〝弱い〟と考えられた理由です。しかし、同時に、その〝弱さ〟の原因もわかりました。マーチンの遺志を継ぐ仲間たちは弱点を克服すべく、後継プロジェクト「IronEx II」を計画しました。

それ以降の鉄散布実験――IronEx II その他

　IronEx I の弱点は〝たった一回〟しか鉄を撒かなかったことでした。そもそも、それまで長い間ずっと鉄欠乏だったところに急に鉄を撒かれても、なんの準備もしていなかった植物プランクトンは即応できないはずです。ようやく応答できるようになったら、こんどは鉄が沈殿してなくなっていると。そこでマーチンの仲間たちは鉄散布の回数を三回に増やすことを考えました。一回目の鉄散布は植物プランクトンを〝慣らす〟ためで、二回目で爆発的に増やし、三回目はその確認（追試）ということを企図したのでした。

１９９５年５月、IronEx II の調査船「メルビル」が着いたのは、やはりガラパゴスの海でしたが、前回の IronEx I 地点より約一五六〇㎞西（3.5°S、104°W）でした。ここは赤道湧昇に近いところで、やはり窒素（硝酸イオン NO_3^-）濃度一〇・四μM、クロロフィルａ濃度〇・二μg／ℓ以下の典型的なＨＮＬＣ海域で、ここの面積七二㎢、表層水が混合する深さ約二五ｍの水域に、硫酸鉄の溶液を三回に分けて撒いたのです。一回目は５月29日に二二五kgを撒き、翌日に表層水を採って調べると鉄の濃度は約二ｎＭ、予定通り IronEx I の半分でした。二回目は三日後（６月１日）に一一二kg、三回目は七日後（６月５日）に一一二kgで、三回の合計は IronEx I（四五〇kg）とほぼ同じでした。

撒いた鉄の総量は同じなのに、三回に分けて散布しただけで、IronEx II ではすばらしい効果がみられました。一回目の〝慣らし散布〟では植物プランクトンはまだほんの少ししか増えませんでしたが、二回目の散布により爆発的に増え、そのことは三回目の散布により追認されました。具体的にいうと、クロロフィルａ濃度が二〇倍以上も増え、光合成活性（相対蛍光強度）は二・三倍に上がり、光合成生産性は三・九倍、植物プランクトンのうち特に珪藻類の生物量（バイオマス）はなんと八五倍にも増えたのです（シアノバクテリアやピコプランクトンなど微小なものはあまり増えませんでした）。そして、おそらく植物プランクトンが取り込んだのでしょう、表層水中の窒素（硝酸イオンNO_3^-）と二酸化炭素CO_2も有意に減っていました。これは「鉄仮説」を支持する圧倒的なデータでして、これを報告した論文は、結語で「いまや〝鉄仮説〟はもう〝鉄理論〟とみなされる」と宣言したうえで、「同じような鉄散布実験を南極海で行うことが渇望されるが容易ではない」と結んでいました[23]。

南極海は、南氷洋とも南大洋とも呼ばれますが、南極大陸の周りの南緯六〇度以南の海のことです。ここには南極湧昇という強大な湧昇があって無機栄養分が豊富ですが、なぜか植物プランクトンが少ないというＨＮＬＣ海域があります。ここの海底の堆積物には、南極大陸で氷河が拡大あるいは縮小した、いわゆる「氷期」と「間氷期」のサイクルに合わせて、鉄分の多い層と少ない層が交互に重なっています。これに合わせて、植物プランクトン遺骸の多い層と少ない層も交互に重なっています。つまり、ここの海底の堆積物には〝自然の鉄散布実験〟の記録が残されているのです。

地球が寒冷化して氷期になると、大量の水が南極や北極で氷河として〝固定〟されるので、海面が低下しますし、雨も少なくなります。海面が低下すると、陸地の面積が増えます。でも、雨が少ないので、乾燥します。乾燥した陸地に風が吹くと、大量の砂塵が吹き飛ばされます。砂塵というと、中国の内陸部から日本に飛んでくる「黄砂」がありますね。黄砂が黄色くみえるのは砂塵中の鉄分の赤錆(あかさ)びの色がうっすらみえるからです。黄砂は、人間には迷惑ですが、もし海に入ったら、それは鉄分を含んでいるので〝自然の鉄散布〟になります。そういう砂塵嵐(ダストストーム)が氷期にしばしば発生し、それに合わせて植物プランクトンも大量発生したという堆積物の記録が、南極海の海底にあるのです。

そして、１９９９年、ついに南極海で初の鉄散布実験ＳＯＩＲＥＥが行われました。それも含めて、これまでに鉄散布実験は世界中で一三回行われ、そのうち七回は南極海あるいはその隣接海域で行われました（図４－４、表４－１）。また、日本による鉄散布実験も三回ほど、「全海洋ベルトコンベヤー」による湧昇（１１９ページ）がある北太平洋の北部（亜北極）のＨＮＬＣ海域で行われました。また、韓国も南極海での鉄散布実験ＫＩＦＥＳを計画していまして、[24] もし実現したら久しぶりの鉄散布実験になりますので、その実現が待ち遠しいところです。

ここでは〝科学目的〟の鉄散布実験について説明してきました。科学目的の鉄散布実験は２００９年を最後にもう一〇年も行われていません。その大きな理由のひとつは、２００８年5月に「生物多様性条約」の国際会議で、海洋鉄散布の禁止が決議されたことです。その背景には〝利益目当て〟の鉄散布の防止がありました。利益目当てとは、鉄散布により植物プランクトンが増殖してCO_2が吸収されるなら、それは人為的なCO_2削

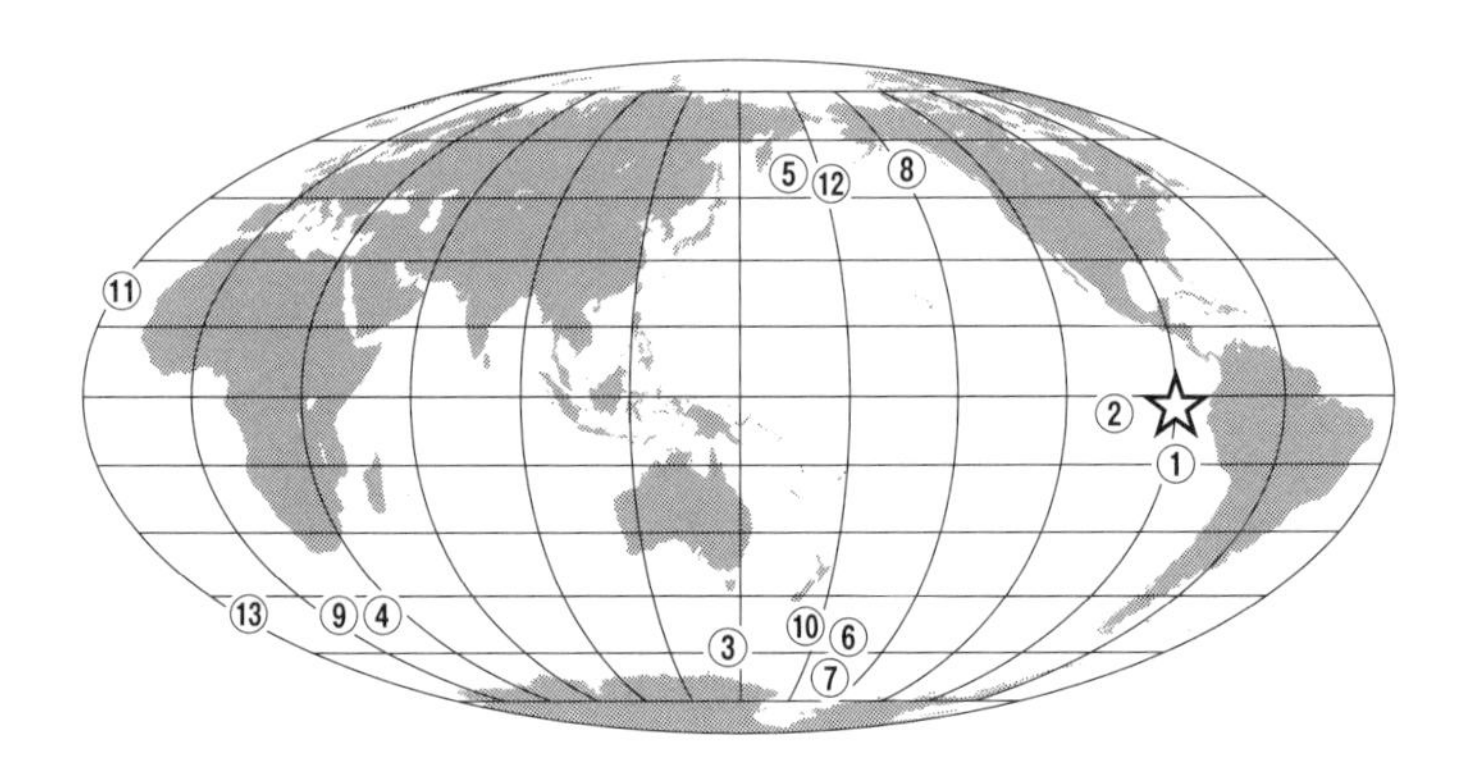

図4-4　これまでに科学目的の鉄散布実験（計13回）が行われた海域。ガラパゴスの沖で世界初の鉄散布実験IronEx I（1993）とその後継実験 IronEx II（1995）が行われました。

年	略名称	海域	緯度・経度
1993 ①	IronEx I	赤道太平洋（ガラパゴス沖）	5°S, 90°W
1995 ②	IronEx II	赤道太平洋（ガラパゴス沖）	3.5°S, 104°W
1999 ③	SOIREE	南極海（Australasian-Pacific sector）	61°S, 140°E
2000 ④	EisenEx	南極海 隣接海域（Atlantic sector）	48°S, 21°E
2001 ⑤	SEEDS-1	北太平洋 亜北極海域（西部海域）	48.5N, 165E
2002 ⑥	SOFeX-N	南極海 隣接海域（Pacific sector）	56.23°S, 172°W
2002 ⑦	SOFeX-S	南極海（Pacific sector）	66.45°S, 171.8°W
2002 ⑧	SERIES	北太平洋 亜北極海域（東部海域）	50.14°N, 144.75°W
2004 ⑨	EIFEX	南極海 隣接海域（Atlantic sector）	50°S, 2°E
2004 ⑩	SAGE	南極海 隣接海域（ニュージーランド南西沖）	46.5°S, 172.5°E
2004 ⑪	FeeP	北大西洋 亜熱帯海域（東部海域）	27.5°N, 22.5°W
2004 ⑫	SEEDS-2	北太平洋 亜北極海域（西部海域）	48°N, 166°E
2009 ⑬	LOHAFEX	南極海 隣接海域（Atlantic sector）	48°S, 15°W

表4-1　これまでに行われた科学目的の鉄散布実験（計13回）の年次順の一覧[24]
年の右下の番号は**図4-4**に対応しています。

減（カーボンオフセット）とみなされるので、CO_2排出権取引（カーボンクレジット）のマーケットで売ろうという目論見（もくろみ）です。いまは禁止されていますが、いずれは利益目的のCO_2ビジネスの一環として鉄散布ビジネスも行われるかもしれません。そういう時代にこそ過去をふり返ることに意味があるでしょう。聖地ガラパゴスの海で世界初の鉄散布実験を行った先人たちがどれだけ海を愛し、どれだけその海を守ろうとしたのかに思いを馳せることに。

マイクロニュートリエントとしての鉄分

これまで「海が鉄不足だと植物プランクトンが増えない」と述べてきました。逆に「鉄があれば植物プランクトンが増える」ということになりますが、では、鉄があるとどういう仕組みで植物プランクトンが増えるのでしょうか。ここで生物、特に植物と植物プランクトンにおける鉄の役割を説明しようと思いますが、その前に、僕たち人間の体からはじめましょう。

人体は、大人だと体重の半分ちょっと（五〇〜六〇％くらい）、赤ちゃんだと七五〜八〇％くらいが水分です。体脂肪率が低いほど水分の割合が高くなるので、あくまでも一般論で例外もありますが、大人より子どものほうが、そして、女性より男性のほうが、水分率が高い傾向があります。歳（とし）をとることをよく〝枯れる〟といいますが、水分の割合の点では当を得ています。水分以外の部分では、タンパク質が約二〇%、脂質（体脂肪率）も約二〇%くらいでしょうか（体脂肪率が高いと水分率が低くなります）。残りの僅かな部分にグリコーゲンや核酸（DNA、RNA）、ビタミン、そして、鉄分などがあります。人体の体重における鉄の割合はせいぜい〇・〇〇五%（二万分の一）しかありません。体重六〇kgの人ならたった三gですね。

鉄は人体において微量しか存在しませんが、なくてはならない必須元素です。こういう微量でも必須の栄養素は微量栄養素（マイクロニュートリエント）と呼ばれまして、鉄はそのひとつで、一日に摂（と）りたい量は一〇～二〇mg（ミリグラム）くらいです。鉄不足で貧血になると鉄剤を処方されますが、それでも鉄として摂るのは一日に一〇〇～二〇〇mgくらい。一日にg単位で摂取する栄養素を主要栄養素（マクロニュートリエント）と呼ぶのと比べると、いかに少ないかが分かりますね。

貧血（鉄欠乏性貧血）は〝赤い血〟の素（もと）である「ヘモグロビン」というタンパク質にあるはずの鉄（ヘム鉄）が足りないことで起こります。だから僕は「貧血は貧鉄」といいます。そして、ヘモグロビンに似たタンパク質に「ミオグロビン」がありますが、これにもヘム鉄があります。ミオグロビンは〝赤身の肉〟に多くて、そこにヘム鉄があるのですから、赤身の肉を食べることは貧血の予防につながります。逆に、人間の成長期に筋肉（赤身の肉）が急に増えると、筋肉のミオグロビンにヘム鉄が奪われて貧血になることもあります。

さて、実は植物にも貧血、いや、**貧鉄**があります。ひとつには、植物だけでなく、人間を含む動物もそうなのですが、細胞内のミトコンドリアに鉄が必要なのです。ミトコンドリアの役割は「酸素呼吸によるエネルギー生産」ですが**注4－4**、それに関わる「シトクロム」というタンパク質がやはりヘム鉄を必要とするのです。なので、鉄不足は呼吸不足、ひいてはエネルギー不足になります。

また、植物に特有の問題として、クロロフィル（葉緑素）をつくるのに鉄が必要という事情があります。なので、鉄不足だと緑々していない、青っ白い植物になってしまうのです。これはクロロシス（白化、黄白化）という症状としてよく知られています。さらに、植物が土壌から窒素を取り込むとき、「フェレドキシン」という、ヘム鉄とは別の鉄タンパク質が必要です。したがって、せっかく窒素があっても、鉄不足だとそれを体に取り込むことができず、植物が生育不良になるのです。

注4－4　この酸素呼吸は、目に見える「肺呼吸」とは違う、目に見えない細胞の中での酸素呼吸を指します。また、エネルギー保存則（エネルギーは増えも減りもしない）からすると〝エネルギー生産〟という言葉使いは厳密には不正確ですが、ここでは全生物共通のエネルギー代謝分子「ＡＴＰ」の生産であると理解しておいてください。ＡＴＰは〝生体エネルギー通貨〟とも呼ばれるアデノシン三リン酸のことです。

豊かさの源泉は〝動き〟にあり

鉄不足だとクロロフィルをつくれないし窒素も取り込めないという問題は、陸上の植物だけでなく、海の植物プランクトンや海藻にも当てはまりますし、ガラパゴスの海にも当てはまります。つまり、せっかくペルー海流や赤道潜流が窒素をもたらしてくれても、鉄分が足りないと植物プランクトンや海藻が増えないのです。が、幸いにしてガラパゴスの海は火山島由来の鉄分があるので、ＨＮＬＣならぬＨＮＨＣ（高栄養―高クロロフィル）海域、ひいては魚介類やウミイグアナ、海鳥、海獣の多い豊饒の海になっているのです。

実は、このことはIronEx Ⅰと同じ航海の後半「PlumEx」で証明されました。１９９３年11月、ガラパゴス諸島の東側と西側の海域で、海水中の無機栄養分や鉄分の濃度、クロロフィルａ濃度（＝植物プラクトン濃度）などを連続測定したのです。すると、やはり、島々から離れたところでは、窒素は多いのに鉄分がほとんどなく、植物プランクトンも少ししかいませんでした。逆に、島々に近づくにつれ鉄分も植物プランクトンも多くなりました。そして、鉄の濃度と植物プランクトンの濃度がいちばん高かったのは、ガラパゴス諸島の西端部、火山活動が活発なフェルナンディナ島とイサベラ島の間にあるボリバル海峡でした。

この両火山島の周辺は、西からの赤道潜流が当たって「島塊効果」で湧昇が発生するので、窒素やリンなどの無機栄養分は豊かです。そこに火山島の岩石からの鉄分が入ってくるので〝天然の鉄散布〟になっています。だからこそ、ここがガラパゴスの海の中でもいちばん豊かな海になっているのです。

この章のはじめのほうで、こう述べました、「島々に降った雨水が土地を流れて海に入るとき、島々をつくる岩石からある栄養素が溶け込んで海に供給されます。その栄養素とは、この章の主役である鉄分です」と。火山島ができたのは地球の営みプレートテクトニクスのおかげ、その火山島に雨が降るのは温かい海流のおかげ、火山島の周りの海に無機栄養分が多いのは冷たい海流のおかげ。こうしてみると、ガラパゴスの海が豊かなのは、海底の動き（プレートテクトニクス）と海水の動き（海流、湧昇）のおかげであることがわかるでしょう。

ガラパゴスの豊饒の海は地球と海の〝動き〟の賜物なのですね。つねに動いていることが豊かさの源泉である、という格言めいたことを考えてしまいました。そして、ガラパゴスの生きものたちもつねに動いています。進化という動的な過程（プロセス）によって、新種の胚芽が生まれては消え、消えてはまた生まれ、いずれ新種や変種が分化してきます。もし進化という〝動き〟がなければ環境変動のたびにどれかの種が絶滅し、ついにはすべての種が滅んでしまうでしょう。でも、ガラパゴスはいまでも「進化の実験室」であり、新たな種の孵化器（インキュベーター）として、ひとときもじっとしていません。動的な生命礼賛の島、それがガラパゴスです。

第五章

ガラパゴスと人間のかかわり

——過去、現在、未来

種の絶滅――最後の一個体ロンサム・ジョージ

もし、あなたが人間で最後の一人だとしたら、どれほど寂しいでしょうか。最後の一人なので、もはや交配して子孫を残すこともできず、自分の死がすなわちヒト種の絶滅になるとしたら、どれだけ残念でしょうか。このことは人間だけでなく、すべての生物種で最後の一個体が死んだら、それは「種の絶滅」になります。実は、ガラパゴスで、大勢の人が見守るなか、ひとつの種ないし亜種の「絶滅の瞬間」が目撃されました。２０１２年６月24日、ピンタゾウガメという種（あるいは亜種）の最後の一個体「ロンサム・ジョージ」が逝き、ピンタゾウガメは実質的に絶滅したのです 注5―1。

注5―1 ピンタ島から遠くないイサベラ島に生息するゾウガメ個体群にベックゾウガメ（メス）とピンタゾウガメ（オス）の雑種が見つかりました。このことから、ロンサム・ジョージはまったくの孤独ではなく、野生のピンタゾウガメが現在も生存している可能性が指摘されています[25]。ただし、これから雑種でないピンタゾウガメの純系の個体群が自然界で回復する見込みはあまりないので、「実質的に絶滅した」として話を進めます。

ガラパゴスに生息するゾウガメの分類はだんだん整理されてきましたが、それでも「たった一種の中にたくさんの亜種がある」という主張や、「ガラパゴスで進化して一五種になったが四種は絶滅し一一種が現存する」と考える説など、まだ定説の確立には至っていません。たぶん〝亜種以上、種未満〟という場合もあるでしょう。それで研究者たちは**種群**というカテゴリーをつくり、ガラパゴス諸島のいろいろな場所に生息する個体群をひとまとめにして「ガラパゴスゾウガメ種群」と呼んでいます。

この「種群」については、亜種から種への進化の途上のいろいろな段階にある、島ごとに地理的に隔離された、あるいは、島の中でも地理的に隔離された、いろいろな個体群がいると考えておくのが、とりあえずは妥当でしょう。このうち、ピンタ島にいた個体群がピンタゾウガメでした。その最後の一個体（ロンサム・ジョージ）が逝き、その種ないし亜種が実質的に絶滅する瞬間を、僕たち人間は目撃したわけです。

でも、人間は手を拱（こまね）いていたわけではありません。１９７１年にピンタ島で発見された最後のピンタゾウガメは、米国俳優〝ひとりぼっちのジョージ〟ことジョージ・ゴベルにちなんで「ロンサム・ジョージ」と呼ばれるようになりました。ロンサム・ジョージは、後述する**チャールズ・ダーウィン研究所**で保護され、そこで個体群を回復すべく四頭のメスをあてがわれました。遺伝的に近縁と考えられたベックゾウガメ（イサベラ島）のメス二頭とエスパニョラゾウガメ（エスパニョラ島）のメス二頭でした。仮にこれで子どもが生まれたとしても雑種（ハイブリッド）ですが、遺伝子セット（ゲノム）の半分はロンサム・ジョージ由来なので、ピンタゾウガメの遺伝子は残るわけです。しかし、人間による回復努力も虚しく、一尾の子ガメも生まれず、ピンタゾウガメの遺伝子も絶えてしまったのでした。

図4-1　ピンタゾウガメ最後の一個体、ロンサム・ジョージの生前の姿。
撮影者 Mike Weston
出典　https://www.flickr.com/photos/mikeweston/332184687/

しかし、ロンサム・ジョージは、ガラパゴスの自然保護のシンボルとして、今でも人間の行為に対して警鐘を鳴らしつづけています。なぜなら、そもそもピンタゾウガメが絶滅に至ったのは、一七世紀から一八世紀の海賊と一九世紀の捕鯨船による乱獲に加え、ピンタ島に人間が持ち込んだヤギが野生化して植生を荒らしたことが原因だったからです（後述）。ロンサム・ジョージが鳴らす警鐘は、人間がもうこれ以上、生物種を絶滅させてはならないというメッセージです。さらに、ヒト種（人間）自身も自業自得で絶滅しかねない、そのとき〝最後の人間〟たる〝ロンサム・マン〟がひとり寂しく死んでいく、そうなっては駄目ですよ、というメッセージでもあるのです。

個体群の救世主――スーパー・ディエゴ

ピンタゾウガメは、人間が回復に努めたのですが、絶滅という残念な結果に終わってしまいました。ピンタゾウガメは、ゾウガメの中ではやや小さかったのが災いしました。大きすぎず重すぎず、海賊船や捕鯨船に運び込みやすかったので乱獲の憂き目に遭い、その結果として絶滅してしまったのです。エスパニョラゾウガメも同様に乱獲され、絶滅の危機に瀕しましたが、こちらは人間による回復努力が功を奏しています。

エスパニョラ島のエスパニョラゾウガメも一四個体（メス一二個体、オス二個体）にまで減ってしまい、このままでは実質的に絶滅する寸前でした。この個体群を丸ごとチャールズ・ダーウィン研究所に移し、人間の手で個体群の回復を図ったのです。さらに1977年、米国のサンディエゴ動物園で飼育されていたエスパニョラゾウガメのオス一個体も、この回復プログラムに投入されました。このオスは、サンディエゴから帰ってきたので「ディエゴ」と呼ばれましたが、のちにエスパニョラゾウガメ種の〝救世主〟になったので「スーパー・ディエゴ」と呼ばれるようになりました。

スーパー・ディエゴは、その当時ですでに百歳を超えていたと考えられていますが、あてがわれたエスパニョラゾウガメのメスと番(つが)いに番って、三五〇～八〇〇尾の子ガメの父になりました。これらの子ガメは、他のオスの子ガメとも合わせて、これまで二千個体近くがエスパニョラ島で放され、自然状態で繁殖しています。回復努力が奏功したのです。ただ、個体群のほとんどがスーパー・ディエゴの子孫だとすると、遺伝的な多様性が低くて、病気や環境変動に弱い集団になってしまいます。幸いなことに、この個体群にはスーパー・ディエゴの子孫だけでなく、他のオスの子孫もいるとのこと。これなら、実質的な絶滅を回避し、個体群を回復した成功例とみなしても良さそうです。

ガラパゴス受難史――海賊

人間がゾウガメ個体群を回復し、ガラパゴスの自然を守るようになったのは二〇世紀からのことです。そもそもゾウガメが絶滅の危機に瀕し、実際に絶滅してしまった原因は、人間による乱獲だということを忘れてはなりません。二〇世紀以前は、ガラパゴスの生きものにとって人間は災厄をもたらす悪魔のような存在だったことでしょう。ここで、ガラパゴスが発見された一六世紀からのガラパゴス受難史を**海賊**と**捕鯨**を通して見てみましょう。まずは海賊から。

一六世紀後半から一八世紀にかけて、ガラパゴス諸島は〝海賊の島〟でした。当時のスペイン帝国は中南米の大部分、いわゆる〝新世界〟を征服し、そこで産出する大量の金（ゴールド）を得ていました。こうして富と力を蓄えつつあるスペインに対し、英国とフランスは神経を尖らせていました。そして、海賊行為や私掠（しりゃく）行為（国家が認めた海賊行為）が横行するようになったのです。

海賊たちはガラパゴス諸島を避難や逃避のために使いました。なぜなら、ガラパゴス諸島は中南米諸国を襲うのに戦略的に便利な位置にあった、つまり、襲うには程良く近く、追手から逃げるには程良く遠かったからです。また、ガラパゴス諸島は食料、特に新鮮な肉を得るには好適でした。ただ、水に乏しかったので、永く滞在することはしませんでした。

１６８４年、ある私掠船の船長が病に伏してサンチャゴ島に逃避したとき、その周辺の海図が描かれました。１６９７年、英国の海賊にして作家のウィリアム・ダンピアが『最新世界周航』*A New Voyage Round the World* という本を著し、その中でガラパゴス諸島の博物学的な面を紹介しました（僕もこの本を持っています）。この本の中でイグアナやゾウガメの絶滅を予感させる箇所のひとつを紹介しましょう。

［1684年］5月31日、はじめてガラパゴスが見えた。…ガラパゴス諸島は赤道直下および赤道の両側に位置する多数の無人島からなる。…スペイン人が発見したとき、この諸島には多数のイグアナとリクガメがいたので、この諸島をガラパゴスと名づけた。これほど多数のイグアナとリクガメがいる場所は、世界でここ以外にないことを私は信じる。イグアナは私が見たなかでいちばん大きく太っているが、とてもおとなしいので棍棒があれば一時間のうちに二〇匹くらい打ちのめすことができるだろう。巨大でよく肥えていたリクガメも無数にいて、五、六百名の人間が数ヶ月は補給なしにリクガメだけで暮らせるほどである。リクガメの肉はとても美味しくて、もう鶏肉では物足りないくらいだ。〔長沼訳〕

ダンピアは三回も世界周航をした最初の人で、『最新世界周航記』は一回目の航海の記録でした。1708年、ダンピアは三回目の世界周航でガラパゴスを再訪したとき、航海長だったアレキサンダー・セルカークを救助しました（1709）。実は、船団の司令官だったダンピアはセルカークと口論になり、セルカークを無人島に置き去りにしてしまったのです。そして、四年と四ヶ月後に救出したのです、ずいぶんひどいことをしたものですね。この実話が冒険譚（たん）『ロビンソン・クルーソー』（ダニエル・デフォー作、1719年）のモデルになったかもしれないと言われています。

その冒険譚はさておき、一六世紀から一八世紀にかけてのいわゆる「海賊の黄金時代」は、漫画『ＯＮＥ ＰＩＥＣＥ（ワンピース）』や映画『パイレーツ・オブ・カリビアン』などにより、人間が生き生きと生きる時代と捉えられているかもしれません。しかし、ガラパゴスの生きものにとっては海賊に食われ、生息地を荒らされた災厄の時代であったと、マイナスに評価することはできるでしょう。でも、それはまだ、もっと大きな災厄の前触れに過ぎませんでした。

ガラパゴス受難史——捕鯨

ガラパゴスを巻き込んだ海賊行為は徐々に下火になり、金（ゴールド）よりもっと金（マネー）になるビジネスが勃興してきました。それは「捕鯨」です。一九世紀には中南米諸国におけるスペインの影響力は低下し、中南米諸国は英国と交易をするようになりました。時代的にも、スペインの金（ゴールド）より、鯨油の需要が高まっていました。すでに捕鯨されていた大西洋でクジラが減ってきたので、英国と米国の捕鯨船団は太平洋に繰り出したのです。

時代を少し遡（さかのぼ）ると一八世紀末に、英国の捕鯨会社と海軍が共同して調査隊を派遣し

（1793）、その調査隊はガラパゴス諸島の詳細な海図を作成し（1798）、フロレアナ島に郵便ポストを設置しました。これが今では観光名所になった「ポスト・オフィス湾」のはじまりです。一九世紀に入ると、米国海軍がガラパゴスで英国の捕鯨船三隻を拿捕（だほ）し（1813）、この海域での覇権を握りました。悪かったのは、この時、サンチャゴ島に四頭のヤギを放ったことです。この外来種（侵略種）が急速に繁殖してガラパゴスの在来種を凌駕（りょうが）してしまったのです。

　こうしてガラパゴス諸島はしばらくの間、捕鯨船団の基地として使用され、結果的にガラパゴスの自然が破壊されました。それが下火になったのは、ある意味で日本（とハワイ）のおかげです。なぜなら、米国の捕鯨船団は日本の伊豆諸島・小笠原諸島（ジャパン・グラウンド）を基地にするようになったからです。そもそも、幕末の黒船来航（1853）の大きな目的は、米国の捕鯨船団のために水・燃料（薪）・食料の補給基地を確保することだったのですから。米国が捕鯨した理由は「鯨油」を得るためでした。ガラパゴスでゾウガメが乱獲されたのも、食料として以上に「亀油」を求めてのことでした。

　彼らは、産業革命にともない潤滑油や灯油としてマッコウクジラの鯨油やゾウガメの亀油が欲しかったのです。捕ったクジラは油を搾り採ったら海に捨てるという無慈悲さで。その無慈悲な蛮行は、日本の捕鯨文化とは大違いでした。日本の捕鯨では、捕ったクジラは鼻の先から尾の先まで捨てることなく使い、亡きクジラを悼（いた）んで回向（えこう）までするのですから。僕も二一世紀に捕鯨は不要だと思いますが、それとは別に、一九世紀にさんざん野蛮な捕鯨をしていた欧米諸国が、クジラに敬意をもって接した日本の捕鯨を一面的に批判することには、違和感を覚えます。ちなみに米国が捕鯨をやめた理由は、一九世紀半ばに石油が使われるようになったからで、クジラ保護の観点からではありませんでした。

それはさておき、日本やハワイに捕鯨基地が移るまで、ガラパゴス海域のクジラは激減し、毛皮を採るためのオットセイは絶滅の危機に瀕したほどでした。そして、もちろんゾウガメも。捕鯨船団の記録によると、１８１１年から１８４４年までの間に一万五〇〇〇個体ものゾウガメが食用と油用に捕獲されたとのことです。

乱獲の次は自然破壊

捕鯨船団がガラパゴスのゾウガメを乱獲しまくっていた真っ最中の１８３５年、チャールズ・ダーウィン（当時二六歳）がガラパゴス諸島に上陸しました。ダーウィン自身もゾウガメの肉を食したことが『ビーグル号航海記』に記されています。

［１８３５年９月］23日。ビーグル号はチャールズ島［訳注：フロレアナ島］に向かった。ガラパゴス諸島には海賊や捕鯨船が再々訪れていたが、この島に居住者の集落ができたのはこの六年ほどのことだ。住民の数は二百から三百の間である。…

この島の住民の安定した食料はゾウガメだ。もちろん、島のゾウガメの数は激減しているが、それでも、住民は週のうち二日でゾウガメを狩ると、残りの五日はそれを食べて暮らせるのだ。かつては船一隻で七百個体ものゾウガメを連れ去ったとか、数年前にはフリゲート艦の船員が一日で二百個体ものゾウガメを森から海岸まで運んだと言われている。

10月8日。ジェームズ島〔訳注：サンチャゴ島〕に到着した。…島の高地に滞在している間、ゾウガメの肉だけで暮らすことができた。ゾウガメの甲羅に肉を乗せてローストしたものは絶品だし、若いゾウガメのスープも最高だ。でも、それ以外は何とも思わなかった。〔長沼訳〕

一九世紀、ダーウィンがガラパゴスに上陸した頃も、その後も、人間はガラパゴスにとって悪魔でした。そのダーウィンは1859年に五〇歳で『種の起源』を出版し、「進化論」を提唱しました。その頃、ガラパゴスでは、居住者が増加するにつれ森林を開拓して農地化し、ヤギやブタなどの家畜やイヌやネコなどのペットも、そして、ついでにネズミも、持ち込まれました。開拓によりゾウガメの生息地は減り、野生化したヤギやブタは食料を求めてゾウガメと競合し、野生化したイヌやネコはゾウガメ、特に幼い子ガメを襲い、ネズミはゾウガメの卵に食害を及ぼしました。ガラパゴスの名前のもとになったゾウガメは完全な絶滅の淵に追い込まれ、貴重な動植物の生息地たるガラパゴスの自然も破壊される一方でした。このことは、後で詳しく触れますが、アイブル＝アイベスフェルトという生物学者の『ガラパゴス』（原書1960）という本に記されています。

海賊のあとには捕鯨船がやってきた。そしてすべての訪問者は、うまいゾウガメを賞味することを知っていた。百年前までは船の甲板はカメでいっぱいだった。最後にはカメがあまりにも少数になってしまったので、カメの捕獲はもはや利益にならなくなった。もっといけなかったのは、人々がいろいろの島にブタやイヌやネコなどの家畜をはなしたことである。…〔八杉龍一・八杉貞雄訳〕

さらに酷いのは、ガラパゴスの動物はおとなしいうえ人間を怖がらないのをいいことに、〝ヒマつぶし〟で惨殺したのです。『ガラパゴス』にはこうも書かれています。

…しかも、迫害されたのはカメだけではなかった。人々はしばしばたんにひまつぶしのためにのみ、悪意のない動物たちを殺したのであった。たとえばポーター船長はかれの『航海誌』に、ウミトカゲとの最初の出会いをつぎのように記している。

「…我々はすぐに、これがこの世でもっとも害のない創造物であることを見てとり、またたくま棍棒で一〇〇匹ばかりを打ち殺した。」
そして今日なお人間は棍棒をもっている。…〔八杉龍一・八杉貞雄訳〕

ダーウィンがガラパゴス上陸を果たす三年前の1832年、エクアドル共和国がガラパゴスの領有を宣言しました。しかし、無為無策のまま時は過ぎ、ガラパゴスの生きものは絶滅の危機に瀕して、貴重な生態系も破壊されつづけました。ダーウィンのガラパゴス上陸から九九年経った1934年にようやくエクアドル政府は「重要な種の保護、採集の制限、航行の制限」などの行政布告を出しました。が、実効性はほとんどありませんでした。

1935年、ダーウィンのガラパゴス上陸一〇〇周年を記念して、米国の冒険家ヴィクター・W・フォン＝ハーゲンが調査隊を結成してガラパゴスに行き、サンクリストバル島にダーウィンの胸像を設置しました。世界中にガラパゴスの惨状を訴え、自然保護のために注目してもらうためでした。翌1936年、彼の熱意に動かされて、エクアドル政府はガラパゴスを動植物の保護区に指定して乱獲を禁止し、保全研究のための科学委員会を設置しました。しかし、それでもまだ不十分でした。いくら乱獲を禁止しても、生息地の破壊は止まらなかったからです。そもそも、現地に〝法の執行者〟たる監理官がいないのですから、形だけ法令をつくっても、無法地帯であることに変わりなかったのです。

破壊から保護へ

人間の歴史において、やはり第二次世界大戦（1939～1945）は大きな意味があったのではないでしょうか。世界で数千万人ともいわれる犠牲者を出し、広島と長崎に原爆が落とされた第二次世界大戦。人間は〝生物種としてのヒト〟の愚かさと残虐さにようやく気づき、このままでは種としてのヒトは自滅してしまうと、本気で反省するようになったからです。人間性（ヒューマニティ）におけるこの変化がガラパゴスにも及ぶことになったのは実に幸いでした。

エクアドル政府の実効性のない行政布告から無為に二〇年が過ぎた1954年、水中撮影のパイオニアとして有名なオーストリアの生物学者ハンス・ハスが率いる調査団がガラパゴスに行き、その惨状を目のあたりにしました。この調査団の一員に、前出の本『ガラパゴス』の著者、オーストリアの生物学者**イレネウス・アイブル＝アイベスフェルト**がいました。調査から戻るとすぐにアイブル＝アイベスフェルトは国際自然保護連合（IUCN）にガラパゴスの保護と救済を訴えました。いわゆるロビー活動です。すでに動物行動学者として名声を得ていた彼のアピールは欧米で大きな反響を呼び起こしました。

1957年、エクアドル政府の要請と、国際自然保護連合およびユネスコ（UNESCO、国際連合教育科学文化機関）の委託により、アイブル＝アイベスフェルトは、米国の生物学者ロバート・ボウマンおよび「ライフ」誌の記者二名らとともに、ガラパゴスの生物相の詳細な調査を行いました。その報告書は翌年に発表され、いますぐ行動しなければならないこととして、ゾウガメやイグアナなど絶滅危惧種の保護、外来種の駆除、マグロ漁の制限、研究所の設置などの必要性と緊急性が訴えられました。そして、ついに1959年、ユネスコと世界自然保護連合の後援で「チャールズ・ダーウィン財団」が設立されました。また、エクアドル政府もガラパゴス諸島をエクアドル初の国立公園に指定し、陸域の九七％を保護区としました（残りの三％は居住区、海域はこの時点で未保護）。

1959年はダーウィンの『種の起源』の出版一〇〇周年でしたので、ダーウィンの功績を記念して、財団の名称は**チャールズ・ダーウィン財団**になりました。また、その本部および研究部門として「チャールズ・ダーウィン研究所」がサンタクルス島に置かれ、1964年から運用を開始して保全研究と環境教育を進めています。

ガラパゴスが「進化論の聖地」だとしたら、チャールズ・ダーウィン研究所は「自然保護の聖地」といっても過言ではないでしょう。西洋人によるガラパゴス発見からチャールズ・ダーウィン研究所の稼働開始まで四二九年、ダーウィンのガラパゴス上陸からは一二九年も時間が掛かりました。が、この間に人間性（ヒューマニティ）が変わり、ガラパゴスの受難史もようやく終焉を迎えようとしています。そう、ガラパゴスはまるで人間性のダークサイド（愚かさと残虐さ）と良い面（共感力と協調力）を映す鏡のような存在であるともいえるでしょう。その意味でも、ガラパゴスは人間にとって掛け替えのない存在であると、僕は思うのです。

ガラパゴス「保護」のタイムライン

ここで、ガラパゴス諸島の〝なりたち〟や生物進化とともに、ガラパゴスと人間との関わり、つまり、人間による乱獲・破壊から自然保護へと変遷してきたタイムラインを眺めてみましょう（表5－1）。

自然保護の聖地たるチャールズ・ダーウィン研究所の設立はやはり重要な出来事でした。このおかげで自然史および人間史におけるガラパゴスの重要性は決定的になったと思います。そして、ユネスコの総会で採択された**世界遺産条約**（1975年発効）により、1978年、ガラパゴス諸島（陸域のみ）が「世界遺産第1号」として登録されるに至りました。この第1号は一件だけでなく、ガラパゴスを含む自然遺産四件、文化遺産八件の計一二件が登録されました **注5－2**。

注5－2　世界遺産第1号の自然遺産はガラパゴス諸島（エクアドル）、シミエン国立公園（エチオピア）、ナハニ国立公園（カナダ）、イエローストーン（米国、2006年にイエローストーン国立公園に改名）の四件です。

年代	できごと
2000万年以上前	ガラパゴス諸島の出現（古い島は水面下に没した）
1200万～600万年前	南米チャコリクガメとガラパゴスゾウガメの分岐
860万年前	中米トゲオイグアナとリクイグアナの分岐
550万～450万年前	リクイグアナとウミイグアナの分岐
500万年前から	現在のガラパゴス諸島で最古の島が出現
150万年前	リクイグアナとピンクイグアナの分岐
先史時代	インカ帝国の土器が出土（定住の跡なし）
1535	スペイン人のキリスト教司教が偶然に発見
1593	イギリス人の「海賊」基地としての利用開始
1793	捕鯨船の補給地としてゾウガメ乱獲開始
1832	エクアドルが領有宣言
1835	チャールズ・ダーウィン上陸（26歳）
1859	チャールズ・ダーウィン『種の起源』出版（50歳）
1935	ヴィクター・W・フォン＝ハーゲン隊による調査
1959	エクアドル国立公園 第1号（『種の起源』100周年）
1959	チャールズ・ダーウィン財団 創設
1964	チャールズ・ダーウィン研究所 発足
1971	最後のピンタゾウガメ「ロンサム・ジョージ」発見
1978	ユネスコ世界自然遺産 第1号 登録
1986	ピンクイグアナ発見（新種認定は2009年）
1997	ガラパゴス特別法（入出島管理、検疫など）
1998	ガラパゴス海洋保護区 設置
2001	海洋保護区を加えて世界遺産に再登録
2007	危機遺産リストに登録（2010年にリストから除去）
2012	最後のピンタゾウガメ「ロンサム・ジョージ」死去
2019	フェルナンディナゾウガメ 103年ぶりに存在確認

表5-1　ガラパゴスのなりたち、生物進化、人間との関わりのタイムライン

世界自然遺産への登録後、ガラパゴスは乱獲・捕鯨についで〝第三の受難〟の時代に入りました。第三の受難のもとは**観光**（ツーリズム）と**密漁**です。１９９７年、エクアドル政府は自然保護と観光開発の両立を目論んで、「ガラパゴス州の保存と持続可能な開発のための特別法」、通称「ガラパゴス特別法」を策定しました。また、１９９８年、漁業や観光などの海洋利用と海洋保護の両立を目的とした**ガラパゴス海洋保護区**が設定されました（２０１６年に拡大）。これは諸島の外縁部の島々から外側四〇海里（約七四㎞）内の海域で、一三万㎢以上の面積をカバーしています（図５－２）。その大部分で漁業制限があり、一部では**ノー・テイク**（no-take 漁獲禁止）となっています **注5－3**。それで、２００１年、ガラパゴス諸島の陸域だけでなく海洋保護区も含めた全ガラパゴスが世界自然遺産として認められました。

注5－3　海洋保護区の一般的な英語名は marine protected area（略称ＭＰＡ）ですが、ガラパゴス海洋保護区の英語名は Galapagos Marine Reserve（略称ＧＭＲ）です。世界の海洋保護区を面積の広い順に並べるとＧＭＲは三三位です。
【参考】 MPAtlas ホームページ http://www.mpatlas.org/map/mpas/

しかし、これだけ自然保護の制度をつくっても、まだ完全ではありませんでした。ガラ

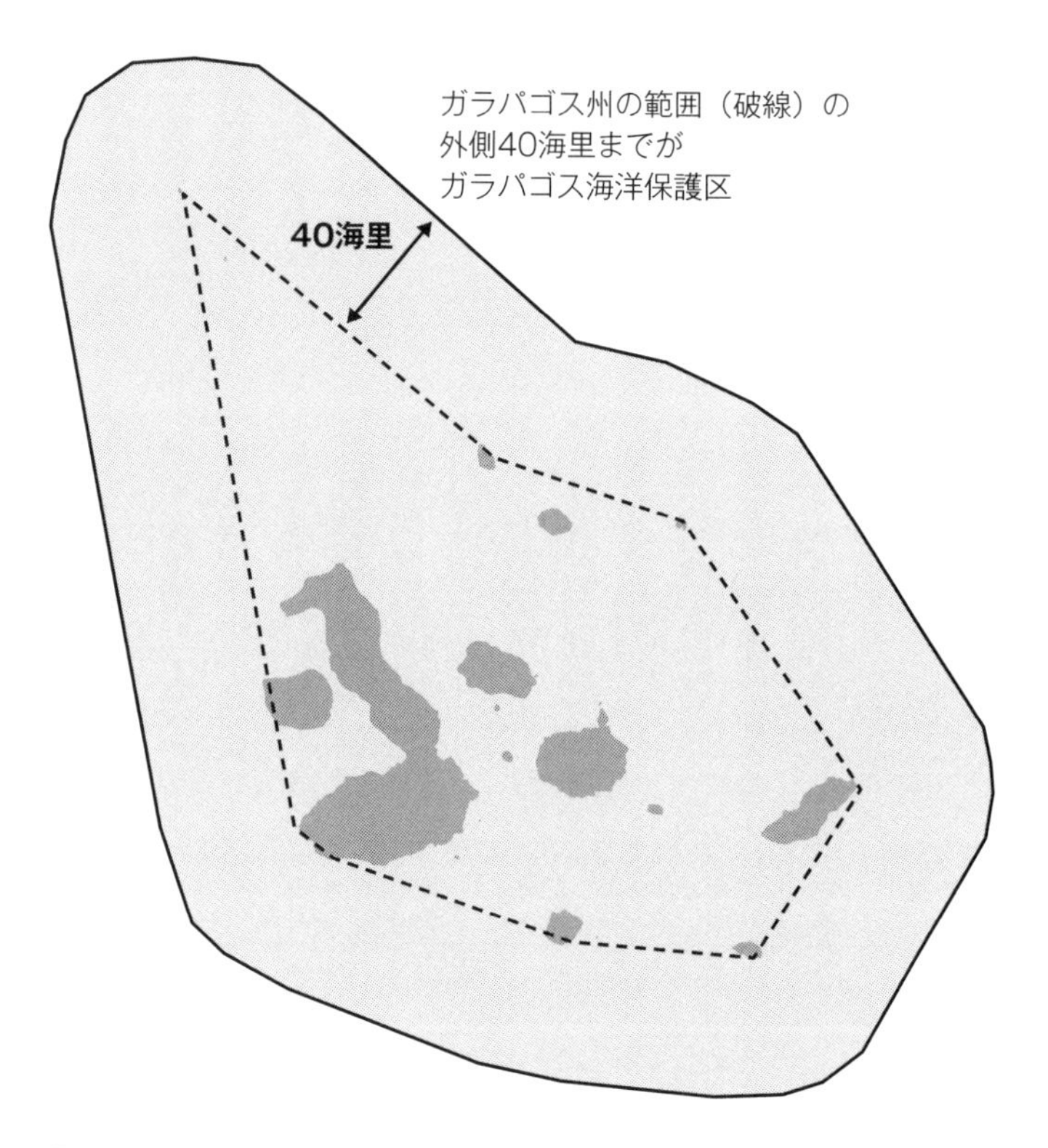

図5-2　ガラパゴス海洋保護区の範囲。ガラパゴス諸島の最外縁の島々から外側40海里（約74㎞）内、13万㎢以上の面積が保護区に指定されていて、一部（35％）はno-takeすなわち禁漁区です。

パゴスへの居住者や観光客は年々増加し、それにともなって外来生物の侵入と環境破壊が深刻化しました。また、海洋保護区には漁業制限や禁漁区があるのに、フカヒレやナマコを乱獲する密漁の横行も見逃していました。そのため、２００７年、ガラパゴスは「危機にさらされている世界遺産」いわゆる「危機遺産」に登録されてしまいました。これは恥ずべき事態ですし、それなりの対応をして問題解決しないと世界遺産リストから抹消されかねない重大事です。これを受けてエクアドル政府が本腰を入れてガラパゴスの自然保護に取り組んだ結果、２０１０年に危機遺産リストから除外されたのは良かったと思います。

日本の海洋保護区（ＭＰＡ）

本書のモチベーションは「生物海洋学」なので、ガラパゴス海洋保護区、ひいては世界の海洋保護区について述べておきたいと思います。その入り口として、日本の状況を見てみましょう。

日本では、国連海洋法条約（ＵＮＣＬＯＳ、１９９４年発効）に基づいた国内法として、２００７年に「海洋基本法」が成立・施行されましたが、その附帯決議として「…海洋保護区の設置等、海洋環境の保全を図るために必要な措置について検討すること」という注文がつけられました。これを受けて、海洋基本法のアクションプランである「第１期　海洋基本計画」（２００８）に「我が国における海洋保護区の設定のあり方を明確化した上で、その設定を適切に推進する」と明記されました。この方針は現在進行中の「第３期海洋基本計画」（２０１８）にも受け継がれ、このように明記されています。

3．海洋環境の維持・保全

（1）海洋環境の保全等

ア　生物多様性の確保等の推進

①　海洋保護区の適切な設定及び管理の質的充実の推進

○…２０２０年までに管轄権内水域の10％を適切に保全・管理することを目的として、…海洋保護区の設定を推進する。（農林水産省、環境省）

○これまで設定が進んでいない沖合について、…海洋保護区の設定に関係省庁が連携して取り組む。（農林水産省、環境省）

○海洋保護区の設定を推進するとともに、…管理の実効性や効果に関する検証を踏まえた順応的管理を推進する。（農林水産省、環境省）

○海洋保護区は漁業資源の持続的利用に資する管理措置の一つであり、漁業者の自主的な管理によって、生物多様性を保存しながら、資源を持続的に利用していくような海域も効果的な保護区となり得るという基本認識の下、漁業者等への海洋保護区の必要性の浸透を図りつつ、海洋保護区の適切な設定と管理の充実を推進する。（農林水産

省）

この最後の部分は「漁業と保護の両立」を謳っているのですが、ガラパゴスにおける「観光と保護の両立」が難しいのと同じように、日本でもやはり難しい面があります。つまり、「漁業と保護」ではなく、「漁業か保護か」という問題にすり替わってしまうことが多々あるのです。実は、後で述べるように、MPAを設けたことでかえって漁獲量が増えたという例もありますので、漁業者も含めて広く皆で〝うまくいったMPAの実例〟を勉強できたらいいなと思います。

MPAには「保護と漁業の両立」というミッションがありますが、このうち「保護」に重点を置いた議論がありました。2010年に名古屋で開催された「生物多様性条約」第10回締約国会議（CBD‐COP10）において「愛知目標（ターゲット）」（戦略計画2011－2020）が採択されました。全部で二〇ある〝目標〟のうち「目標11」にこう述べられています。

目標11 保護地域

2020年までに、少なくとも陸域及び内陸水域の17％、また沿岸域及び海域の10％、特に、生物多様性と生態系サービスに特別に重要な地域が、効果的、衡

法律など	施行年	主務官庁	保護区域・対象の名称	区域数など*
自然公園法	1957	環境省	普通区域	国立公園 15 国定公園 25
			海域公園 （旧・海中公園）	国立公園 12 国定公園 15
文化財保護法	1950	文科省	天然記念物	未確認
自然環境保全法	1972	環境省	海域特別地区	1
鳥獣保護法	2002	環境省	国指定特別保護地区	12
			国指定鳥獣保護区	14
種の保存法	1993	環境省 経産省 農水省	生息地等保護区	9
漁業法	1949	農水省	採捕規制 共同漁業権区域	約9万㎢
海洋水産資源開発促進法	1974	農水省	沿岸水産資源開発区域	4道県
			指定海域	約31万㎢
水産資源保護法	1951	農水省	保護水面	55
海洋生物資源保存管理法（TAC法）	1996	農水省	漁獲可能量（TAC）第一種特定海洋生物資源	7魚介種**計 約245万トン

表5-2 日本における海洋保護区に関連した日本の法令と区域

＊MPA関連区域の数や面積の推計です。これらの数値は必ずしも最新情報を反映していない可能性もありますので、あくまでも目安として扱ってください。

＊＊第一種特定海洋生物資源（サンマ、スケトウダラ、マアジ、マイワシ、マサバ・ゴマサバ、スルメイカ、ズワイガニの7種）についての2018年度の漁獲可能量（TAC）。

平に管理され、かつ生態学的に代表的な良く連結された保護地域システムやその他の効果的な地域をベースとする手段を通じて保全され、また、より広域の陸上景観又は海洋景観に統合される

これを受けて2011年、日本政府が「日本の領海の面積の8・3%はMPAである」と発表しました。ただし、日本政府のいうMPAは、世界標準（グローバル・スタンダード）に照らして、本当にMPAと呼べるのか疑問に思える面もあります。というのも、日本政府のいうMPAの面積約三七万㎢の大部分は、表5―2に示したように、漁業のための法律（漁業法、海洋水産資源開発促進法、水産資源保護法など）で指定された海域だからです。たとえば、海洋水産資源開発促進法による指定海域（約31万㎢）だけで、日本政府がいうMPAの約84%になるのです[26]。このため、日本自然保護協会は「科学的根拠に基づいたMPAの設置」の必要性を訴えています。

世界の海洋保護区（MPA）

日本のMPAの現状を見てもわかるように、世界共通のMPAの定義や法制度は確立されておらず、それぞれの国や地域で御都合主義的に決められているという面があります。そもそも世界のMPAの数や面積の統計にも〝ふたつの流れ〟があるように、僕には見受

けられます。ひとつは国連傘下の「世界保護区データベース」（ＷＤＰＡ）で国際自然保護連合がバックについている大規模な組織的活動です。

もうひとつは「MPAtlas」というＮＰＯ活動です。これは米国本拠の「海洋保護研究所」（Marine Conservation Institute）が２０１２年にはじめた活動で、米国のウェイト財団、アーンツ・ファミリー財団、ウィンズロウ財団の支援を受けています。こちらは国連傘下のＷＤＰＡより小規模ですし、ＷＤＰＡのデータを使っているのですが、ＷＤＰＡのＭＰＡ評価が〝ゆるめ〟なのに対して、MPAtlas は厳しく〝真のＭＰＡ〟を吟味するという違いがあります。

たとえば、２０１９年11月に僕が閲覧した時点で、世界のＭＰＡの数は一万六六九一六（ＷＤＰＡ）と一万一七八八（MPAtlas）で、その差は、集計のタイミングが違うこともありますが、名ばかりでまだ実がともなっていない〝未実効ＭＰＡ〟を意味します。また、全海洋に対するＭＰＡの面積で比べてみても、七・五％（ＷＤＰＡ）と四・八％（MPAtlas）、やはり MPAtlas のほうが厳しめに評価しているといえます 注5－4。

注5－4　ここに挙げた数字の最新情報は以下のウェブサイトで確認できます。
ＷＤＰＡ：https://www.protectedplanet.net/marine
MAPAtlas：http://www.mpatlas.org/map/mpas/

ＷＤＰＡでもMPAtlasでも、気にしているのは「ノー・テイク」no-takeつまり「採捕の禁止ないし制限」の区域が法的に定められ、かつ、実質的に監理されているかどうかです。たとえば、全海洋に対する「ノー・テイク区」の面積の割合は二・二％で、全ＭＰＡ面積の半分足らずです（MPAtlasによる）。また、世界最大のＭＰＡは南極の「ロス海保護区」（２０１７年、面積約一五五万㎢）および太平洋の北西ハワイ諸島（米国）の「パパハナウモクアケア海洋ナショナル・モニュメント」（２０１６年、面積約一五一万㎢）で、ノー・テイク区の割合はそれぞれ七二％および七六％と高い割合を占めています。

ガラパゴス海洋保護区（１９９８年）はどうでしょうか。面積は約一三万㎢、そのうちノー・テイク区は三五％です。伝統的に漁業が行われていた海域なので、ノー・テイク区を広げることには漁業者からの抵抗があったそうです。やはり、「観光と保護の両立」とともに、「漁業と保護の両立」についても、それが可能だということをアピールする努力が必要なのだなと感じます。

漁業と海洋保護区（ＭＰＡ）は両立する

これはオーストラリアのグレート・バリア・リーフ（大サンゴ礁）ＭＰＡの例ですが、ノー・テイク区では魚介類がすくすく育ち、そこで大きくなったらノー・テイク区の外に出る、つまり、隣接する漁区に入ってくることで、漁業に利益があることが指摘されています。大きい魚ほど多くの卵を産むので、魚の再生産の向上にもつながるし、ノー・テイク区のサンゴ礁は環境変動や環境ストレスを受けても回復が速いことなどが謳われています。

具体的には、世界自然保護基金（WWF、旧・世界野生生物基金）により、幾つかの成功例が宣伝されています。オーストラリアのグレート・バリア・リーフMPAでは、近隣漁区への若魚加入量が一・五倍になりました。フィリピンのアポ島MPAでは、隣接漁区で「単位努力当たり漁獲量」（CPUE）が一・五倍になりました。イタリアのトレグァチェトMPAでは、魚の産卵量や稚仔魚の生産が一五倍になり、近隣漁区の漁獲量が二倍になりました。スペインのコルンブレテス諸島MPAでは、ロブスターの産卵力が二〇倍になり、隣接漁区でのロブスター漁の収益が一〇％アップしました、等々です。

これらのMPAは、すべてがすべてノー・テイク区というわけではありませんが、部分的とはいえノー・テイク区を設定することで、漁業に利益がもたらされる場合のあることを例証してくれています。そして、漁業者が協力してくれるほうが、その効果がより上がることもアピールされています。これもやはり人と人とのつながりですね。漁業者と保護者が手に手を取ってこそ、「漁業と保護の両立」を図れるということでしょう。

また、最近の論文[27]によると、MPAの大きさによって利益の上がる魚種が異なるそうです。また、大きなMPAの効果を評価するには長期モニタリングも必要だそうです。

ＭＰＡごとに面積も魚種も異なるわけですから、ＭＰＡごとに「どの魚を獲ったら、より長期的に利益が上がるか」ということを科学的根拠に基づいて検討する必要もあるでしょう。単なる保護だけでなく、持続可能な漁業という観点からも、「ＭＰＡの科学」という文理融合した新しい学問が求められているし、本当につくられるだろうという予感がします。

ガラパゴスの未来

ガラパゴスの過去は、人間に発見されるまでは火山（プレートテクトニクス）と生物進化の歴史でした。しかし、五百年近く前（１５３５年）に発見されてから、ガラパゴスの受難史がはじまりました。はじめは海賊、つぎに捕鯨船による乱獲という受難でした。やがて移住者が増えてくると、開拓による自然破壊と、持ち込まれた外来生物（イヌ、ネコ、ヤギ、ネズミなど）による在来種への攻撃と生息環境の破壊が深刻になってきました。

現在のガラパゴスは、世界遺産になったことによる明暗でいえば〝暗〟のほうで、観光（ツーリズム）が問題化しています。確かに、ガラパゴスは観光で利益を上げ、その利益の一部を自然保護に回すことで「観光と保護の両立」を図ることができるでしょう。それは「漁業と保護の両立」にも当てはまって、海洋保護区（ＭＰＡ）を設けることでかえって漁業収益が上がるようなＭＰＡ運用をする必要があります。

そう、現在のガラパゴスは「両立」という目標はわかっています。問題は、「両立」に向けた現実的なプランを策定し、そのプランを実行し監理する体制を作れるかどうかです。その体制には、保護する立場の者に加えて、観光業者や漁業者も入るべきでしょう。そういう観点からみると、ガラパゴスの現状は必ずしも楽観視できませんが、それほど悲観的でもないように思えます。

むしろ、ガラパゴスの将来について心配なのは、ローカルな両立プランというより、グローバルな問題がガラパゴスで尖鋭的に現れることです。たとえば地球環境変動、英語でグローバル・クライメート・チェンジ、略称ＧＣＣです。いえ、地球温暖化で南極や北極（グリーンランド）の氷床が融解し、融氷水が海に入って海面上昇して島が沈むという心配ではありません。ＧＣＣの現れのひとつに地球温暖化がありますが、「気象災害の激甚化」もまた大きな心配事です。日本でいえば２０１５年の関東・東北豪雨や２０１８年７月の西日本豪雨、２０１９年の台風15号、19号などが思い出されますし、世界各地で台風やハリケーン、異常低温・高温、旱魃（かんばつ）などによる災害が激甚化しています。

ガラパゴスでは気象災害と言わないかもしれませんが、第一章で述べた海水の異常高温現象「エルニーニョ」の激甚化が気になります。当時、史上最大といわれた「１９８２―１９８３エルニーニョ」ではガラパゴスのペンギンの約八割とコバネウの約半数が死にました。それを上回る「１９９７―１９９８エルニーニョ」は〝モンスター・エルニーニョ〟とも呼ばれ、世界のサンゴ礁の一六%が死んだといわれています。さらに、それをも上回った「2014－2016エルニーニョ」は〝ゴジラ・エルニーニョ〟と呼ばれ、農作物が不作になったので、全世界で六千万人以上の人が飢餓や栄養失調に直面しました。そして、これからも強大なエルニーニョが発生しないとも限りません。そのせいで世界各地で気象災害が発生しないこと、ガラパゴスに尖鋭的な災厄がもたらされないこと、そんなことを祈るのみです。が、起きてしまったら、どうするか。そんなこと考えるのさえイヤですが、目をそむけているわけにもいかないでしょう。

そして、火山噴火も気になります。ガラパゴス諸島の最高峰ウォルフ火山（イサベラ島）では新種のピンクイグアナが発見されたり、絶滅したと思われたピンタゾウガメがまだいる可能性があったり、すぐ近くの火山島（フェルナンディナ島）ではフェルナンディナゾウガメが一一三年ぶりに見つかったり、ガラパゴスペンギンやコバネウが生息していたり、いろいろ生物学的に重要な場所があります。それなのに、ウォルフ火山もフェルナンディナ島も火山活動が活発で、二一世紀に入ってからも何度か噴火しています。

もし、これらの火山が大噴火したら、貴重な生息場所が失われたり、生きものそのものが死滅したりするかもしれません。そうなる前に〝ノアの方舟（はこぶね）〟的に一部だけでも別の島、たとえばチャールズ・ダーウィン研究所（本部はサンタクルス島、支所がイサベラ島とサンクリストバル島）に移送して保護することを検討してもいいと思います。まあ、僕が考えついたくらいなので、専門の方々はもっと本気で考えていらっしゃるでしょうけど。

ガラパゴスには人間の力でどうにかなる問題と、人間ではどうにもならない問題があります。が、それでも、人間の力でワースト（最悪）をバッドぐらいに〝減災〟することはできるかもしれません。僕の好きな英語表現「better than nothing」（何もないよりマシ）あるいは「better than doing nothing at all」（何もしないよりはマシ）を念頭に置きながら。

本文中で参照した文献

ここに記したＤＯＩ（デジタルオブジェクト識別子）は２０１９年11月に確認したものです。ブラウザで検索・閲覧する場合はhttps://doi.org/の後にＤＯＩを付ければ良いです。

（例）文献１だと、https://doi.org/10.1126/science.1160332

1 Bowler PJ（2009）Darwin's originality. *Science*, 323, 223-226. DOI: 10.1126/science.1160332

2 Lowe P R（1936）The finches of the Galapagos in relation to Darwin's conception of species, *Ibis*, 78, 310-321, DOI: 10.1111/j.1474-919X.1936.tb03376.x

3 Curry RL（2016）How did the mockingbirds especially influence Darwin? http://robertcurrylab.com/sites/darwins-mockingbirds/how-did-the-mock-birds-especially-influence-darwin/

4 Gerlach J, Muir C, Richmond MD（2006）The first substantiated case of trans-oceanic tortoise dispersal. *Journal of Natural History*, 40, 41-43. DOI: 10.1080/00222930601058290

5 MacLeod A et al.（2015）Hybridization masks speciation in the evolutionary history of the Galápagos marine iguana. *Proceedings of the Royal Society B: Biological Sciences*, 282, 20150425. DOI: 10.1098/rspb.2015.0425

6 Malone CL, Reynoso VH, Buckley L (2017) Never judge an iguana by its spines: Systematics of the Yucatan spinytailed iguana, *Ctenosaura defensor* (Cope, 1866). *Molecular Phylogenetics and Evolution*, 115, 27-39. DOI: 10.1016/j.ympev.2017.07.010

7 Wikelski M, Wrege PH (2000) Niche expansion, body size, and survival in Galápagos marine iguanas. *Oecologia*, 124, 107-115. DOI: 10.1007/s004420050030

8 Kennedy M, Spencer HG (2014) Classification of the cormorants of the world. *Molecular Phylogenetics and Evolution*, 79, 249-257. DOI: 10.1016/j.ympev.2014.06.020

9 Young RL et al. (2019) Conserved transcriptomic profiles underpin monogamy across vertebrates. *Proceedings of the National Academy of Science USA* (*PNAS*), 116, 1331-1336. DOI: 10.1073/pnas.1813775116

この論文への反論 Jiang D, Zhang J (2019) Parallel transcriptomic changes in the origins of divergent monogamous vertebrates? *PNAS*, DOI: 10.1073/pnas.1910749116 [Epub ahead of print]

反論への反論 Young RL, Hofmann HA (2019) Reply to Jiang and Zhang: Parallel transcriptomic signature of monogamy: What is the null hypothesis anyway? *PNAS*, DOI: 10.1073/pnas.1911022116

10 Morabito LA (2012) Discovery of Volcanic Activity on Io - A Historical Review. arXiv:1211.2554 [physics.hist-ph]

11 Morabito LA, Synnott SP, Kupferman PN, Collins SA (1979) Discovery of currently active extraterrestrial volcanism. *Science*, 204, 972. DOI: 10.1126/science.204.4396.972

12 Haymon RM et al. (2008) High-resolution surveys along the hot spot-affected Gálapagos Spreading Center: 3. Black smoker discoveries and the implications for geological controls on hydrothermal activity. *Geochemistry Geophysics Geosystems*, 9, Q12006. DOI: 10.1029/2008GC002114

13 Salinas-de-León P et al. (2018) Deep-sea hydrothermal vents as natural egg-case incubators at the Galapagos Rift. *Scientific Reports*, 8, 1778. DOI: 10.1038/s41598-018-20046-4

14 Göth A, Vogel U (1997) Egg laying and incubation of the *Polynesian megapode*. Annual Review World Pheasant Association, 1996/1997, 43-54.

15 Grellet-Tinner G, Fiorelli LF (2010) A new Argentinean nesting site showing neosauropod dinosaur reproduction in a Cretaceous hydrothermal environment. *Nature Communications*, 1, 32. DOI: 10.1038/ncomms1031

16 Beaulieu SE et al. (2013) An authoritative global database for active submarine hydrothermal vent fields. *Geochemistry Geophysics Geosystems*, 14, 4892-4905, Q12006. DOI: 10.1002/2013GC004998

17 Corliss JB et al. (1978) The chemistry of hydrothermal mounds near the Galapagos Rift. *Earth and Planetary Science Letters*, 40, 12-24. DOI: 10.1016/0012-821X (78) 90070-5

18 Baker ET et al. (2016) How many vent fields? New estimates of vent field populations on ocean ridges from precise mapping of hydrothermal discharge locations. *Earth and Planetary Science Letters*, 449, 186-196. DOI: 10.1016/j.epsl.2016.05.031

19 Toner BM et al.（2012）Measuring the form of iron in hydrothermal plume particles. *Oceanography*, 25, 209-212. www.jstore.org/stable/24861159

20 Resing JA et al.（2015）Basin-scale transport of hydrothermal dissolved metals across the South Pacific Ocean. *Nature*, 523, 200-20. DOI: 10.1038/nature14577

21 Martin JH, Fitzwater SE（1988）Iron-deficiency limits phytoplankton growth in the Northeast Pacific Subarctic. *Nature*, 331, 341-343. DOI: 10.1038/331341a0

22 Martin JH et al.（1994）Testing the iron hypothesis in ecosystems of the equatorial Pacific Ocean. *Nature*, 371, 123-129. DOI: 10.1038/371123a0

23 Coale KH *et al.*（1996）A massive phytoplankton bloom induced by an ecosystem-scale iron fertilization experiment in the equatorial Pacific Ocean. *Nature*, 383, 495-501. DOI: 10.1038/383495a0

24 Yoon J-E et al.（2018）Reviews and syntheses: Ocean iron fertilization experiments - past, present, and future looking to a future Korean Iron Fertilization Experiment in the Southern Ocean（KIFES）project. *Biogeosciences*, 15, 5847-5889. DOI: 10.5194/bg-15-5847-2018

25 Russello MA et al.（2007）Lonesome George is not alone among Galapagos tortoises. *Current Biology*, 17, R317-R318. DOI: 10.1016/j.cub.2007.03.002

26 南 眞二（２０１５）海洋保護区の推進と持続可能な漁業．法政理論、48巻1号、14－53頁．［online］http://dspace.lib.niigata-u.ac.jp/dspace/bitstream/10191/34032/1/48

27 Sala E *et al.*（2018）No-take marine reserves are the most effective protected areas in the ocean. *ICES Journal of Marine Science*, 75, 1166-1168. DOI: 10.1093/icesjms/fsx059

右記以外で参考にした文献・ウェブサイト

●Wyhe J van（ed.）（2002-）The Complete Work of Charles Darwin Online（http://darwin-online.org.uk/）．ダーウィンの本・論文・手紙などを閲覧できるサイト。
●Dampier W（1697 Reprint 1968）*A New Voyage Round the World*, Dover Publications, New York, 376 pp. ISBN: 978-0486219004
●イレネウス・アイブル＝アイベスフェルト『ガラパゴス』（原書１９６０、八杉龍一・八杉貞雄訳１９７２）、思索社．ＡＳＩＮ：Ｂ０００ＪＡ２ＥＤＷ
●水口博也『ガラパゴス大百科』（１９９９）、ＴＢＳブリタニカ．ISBN-13: 978-4484993003 アイブル＝アイベスフェルトによる「序文」がすばらしいです。

おわりに

この本を書いているとき、一六歳の若さで『世界は変形菌でいっぱいだ』（２０１７）を上梓した増井真那（ますいまな）くんとメールでやりとりしました。変形菌は、真正粘菌ともいう単細胞生物で、動物でも植物でも菌類でもない、原生生物というグループに入っています。これは単細胞なのにすごく大きくなって、数㎝から数ｍにもなることがあります。これだけ大きくなると、環境との接点や他者との接触が多くなるので、たったひとつの司令塔（細胞核）による中央集権的なコントロールではなく、たくさんの地方支部みたいな「多核」拠点によるローカル・コントロールで動きます。このことについて増井くんはこんなことを言いました。

変形菌は、意識を持たず、分割可能な'dividuals'。複数の箇所での自他認識判断が同時並行し、それらは協調しない！でも、個体全体として最善の行動選択に向かっていくことができる。

変形菌ははじめは小さな単細胞ですが、単細胞のまま細胞分裂せずどんどん育って「大きなアメーバ状の個体」になります。個体、人間だと「個人」は英語でindividualといいますが、これは本来「分割不可能」という意味です。でも、人間に関するベストセラー『サピエンス全史』の続編『ホモ・デウス』（ユヴァル・ノア・ハラリ著、柴田裕之訳）によると、「人間は分割不可能な個人ではない…分割可能な存在なのだ」そうです。（原文はHumans aren't individuals. They are 'dividuals'.）これを変形菌に当てはめると、「変形菌は分割不可能な個体ではない…分割可能な存在なのだ」になり、前述の増井くんの言葉になります。

変形菌は個体の中に多数の分割した核（多核）があり、それらはシンクロしているようで実は協調していない、にもかかわらず、全体（多核体という大きな個体）としてはベストアンサーに至る。そのことを増井君は喝破したのです。そして、こんなことも。

変形菌の変形体のような「個だけれど、個ではない個」「多細胞化を選ばなかった生物」を理解することは、生物にとっての「自己」とか、人間にとっての「これからの自己」を考えることにつながると思っています。

変形菌から学んだことを人間界へフィードバックする若き研究者、僕より四〇も年下の増井くんの探究心と洞察力に、僕は感銘を受けました。

僕がここで増井くんに言及したのには、もちろん理由があります。それは、「変形菌は…分割可能な‘dividuals’。複数の箇所…それらは協調しない」の件が、ガラパゴスにチャールズ・ダーウィン財団を創設した立役者イレネウス・アイブル＝アイベスフェルトの言葉と重なるからです。

続く数週間、私はウミイグアナの儀式化された闘争について研究した。私が驚いたのは、彼らが岩だらけの海岸に、ときには何百匹もがいっしょにいても争いが起こらないにもかかわらず、同時に社会性や親密さを示唆する行動をまったく見せないことであった。観察できた唯一の社会行動といえば、威嚇、闘い、それに服従だけ。

ちなみに雄は、繁殖期になると高度に儀式化されたやり方で闘うのである。

水口博也著『ガラパゴス大百科』（1999）のアイブル＝アイベスフェルトによる序文より

アイブル＝アイベスフェルトは若い頃、後にノーベル賞（医学生理学賞、1973）を受賞するコンラート・ローレンツの下で動物行動学を学び、やがて人間行動学という新分野に進んで、一般向けの本『愛と憎しみ―人間の基本的行動様式とその自然誌』（原書1970、日高敏隆、・久保和彦訳1986）を上梓しました。その本では、人間の内面にある社会的結合（愛）と他者への攻撃（憎しみ）という相反する性向はどこまで「本能」なのかを、他のさまざまな動物の行動の観察結果から論じています。そのさまざまな動物の行動の中で異彩を放っていたのが、ガラパゴスのウミイグアナだったのです。

ウミイグアナの行動パターンは、たとえ何百匹が混雑していても、威嚇と服従、そして、高度に儀式化された闘いしかない（僕もウミイグアナの大群を見ましたが、動物行動学の素養がない僕にはわかりませんでした）。つまり、どんなにたくさんの個体がいても「協調しない」のです。それでも、大群をなすほど繁栄しているのですから、個体群としては「協調しない」のがベストアンサーなのでしょう。

これはウミイグアナだけでなく、ガラパゴスにいる爬虫類、つまりリクイグアナやゾウガメでも同じです。おそらくガラパゴス以外の爬虫類全般に対して「協調性」や「社会性」のなさが共通しているのではないでしょうか。一方、鳥類（恐竜の末裔）と哺乳類は違います。

…番いを形成する相手以外のメンバーに対してさえ、友好的意図を表すためのさまざまな行動をとる鳥類や哺乳類とは、何という違いだろう。

（略）

しかし、爬虫類と鳥類・哺乳類との行動の基本的な違いを認識したのは、ここガラパゴスであった。

前掲書より

協調性と社会性に関連して「利他行為」という行動もあります。これは鳥類の一部と哺乳類に特徴的な行動ですが、人間らしさ（ヒューマニティ）の重要な部分でもあります（逆説的ですが、ヒューマニティには動物的な部分もあるということです）。対照的に、爬虫類には利他的行動はありませんし、爬虫類天国のガラパゴスにも利他主義はありません。それでも「天国」なのです。利他的でないといって利己的でもないし、エゴイズム丸出しで競争や闘争に明け暮れる「万人の万人に対する闘争」（トマス・ホッブズ、１６４２）でもないのです。僕は、ここに、人間が伝統的に思い込んできた価値観（協調性や利他性の必要性）とは別の、フレッシュなライフ観を得たのでした。

英語のライフＬＩＦＥを日本語にすると「生活、人生、生命」になります。そう、英語のライフには次元が異なる３つの意味があるのですが、そのどの次元においても、ガラパゴスで得たライフ観はそれまでの僕のライフ観をひっくり返してくれました。いや、僕だけではありません、人間（ホモ・サピエンス）という生物種の人間性（ヒューマニティ）にも大きな飛躍を促しました。第5章でこう述べました。

　ガラパゴスはまるで人間性のダークサイド（愚かさと残虐さ）と良い面（共感力と協調力）を映す鏡のような存在であるともいえるでしょう。その意味でも、ガラパゴスは人間にとって掛け替えのない存在であると、僕は思うのです。

　ガラパゴスという「人間性の鏡」があることで、僕たち人間は自省し、自制できるのです。もしガラパゴスを失ったら、僕たち人間は歯止めがなくなって暴走してしまうのではないでしょうか。

　このITやAIの21世紀に「ガラパゴス」は、まさにガラケーと揶揄されるように、「人間性の鏡」としても時代遅れになるでしょう。では、何が新時代の「人間性の鏡」になるのか、僕にはわかりません。それでも、僕たち人間の心性（動物的および人間的な心性）は二一世紀でもまだ大きくは変わらないでしょう。いくらITやAIの時代になっても、まだしばらくは「ガラパゴスは人間性の鏡」として通用すると思います。

　そんなガラパゴスを僕に見せてくださったデザイナーの原研哉さんと写真家の上田義彦さんに、心より御礼を申し上げます。お二人とのガラパゴス談義は、僕にとってライフ観（生活観、人生観、生命観）が変わるほどエキサイティングでした。お二人とも高名な方なのに、僕のような者によくして下さいましたことに、また改めて、心より御礼を申し上げます。

さて、ガラパゴスでライフ観が「コペルニクス的転回」した僕は、帰国してしばらく呆けていました。僕のライフ観だけでなくライフそのものにも大転回があり、僕は厭世的な気分になっていました。そんな僕に本の執筆を促してくださった編集者の戸塚健二さんにはとても感謝しています。A friend in need is a friend indeed. という英語の諺が実感として身に沁みました。戸塚さんはじめ、あの時に手を差し伸べてくださった方々、そして、今でも応援してくださる方々への御恩は忘れません。この本には、そんな思いも込められていることを申し添えて、「あとがき」を終えようと思います。ありがとうございました。

著者略歴
1961年、人間初の宇宙飛行の日、三重県四日市市に生まれた直後から名古屋市で育ち、４歳からは神奈川県大和市で育つ。海洋科学技術センター（JAMSTEC、現・独立行政法人海洋研究開発機構）深海研究部研究員、カリフォルニア大学サンタバーバラ校客員研究員などを経て、現在は広島大学大学院生物圏科学研究科教授。北極、南極、深海、砂漠など世界の辺境に極限生物を探し、地球外生命を追究しつづけている吟遊科学者。

主な著書に『世界をやりなおしても生命は生まれるか？』(朝日出版社)、『考えすぎる脳、楽をしたい遺伝子』（クロスメディア・パブリッシング)、『ゼロからはじめる生命のトリセツ』（角川文庫)、『生物圏の形而上学—宇宙・ヒト・微生物—』（青土社)、『超ヤバい話——地球・人間・エネルギーの危機と未来』（さくら舎）などがある。

我々はどう進化すべきか――聖地ガラパゴス諸島の衝撃

二〇二〇年一月一二日　第一刷発行

著者　長沼　毅
発行者　古屋信吾
発行所　株式会社さくら舎　http://www.sakurasha.com
東京都千代田区富士見一-二-一一　〒一〇二-〇〇七一
電話　営業　〇三-五二一一-六五三三　ＦＡＸ　〇三-五二一一-六四八一
編集　〇三-五二一一-六四八〇　振替　〇〇一九〇-八-四〇二〇六〇

カバー写真　ⓒMinden Pictures/Nature Production/amana images
装丁　長久雅行
本文組版　有限会社マーリンクレイン
印刷・製本　中央精版印刷株式会社

ⓒ2020 Takeshi Naganuma Printed in Japan
ISBN978-4-86581-231-2

本書の全部または一部の複写・複製・転訳載および磁気または光記録媒体への入力等を禁じます。これらの許諾については小社までご照会ください。

落丁本・乱丁本は購入書店名を明記のうえ、小社にお送りください。送料は小社負担にてお取り替えいたします。なお、この本の内容についてのお問い合わせは編集部あてにお願いいたします。

定価はカバーに表示してあります。

さくら舎の好評既刊

T・マーシャル
甲斐理恵子：訳

恐怖の地政学

地図と地形でわかる戦争・紛争の構図

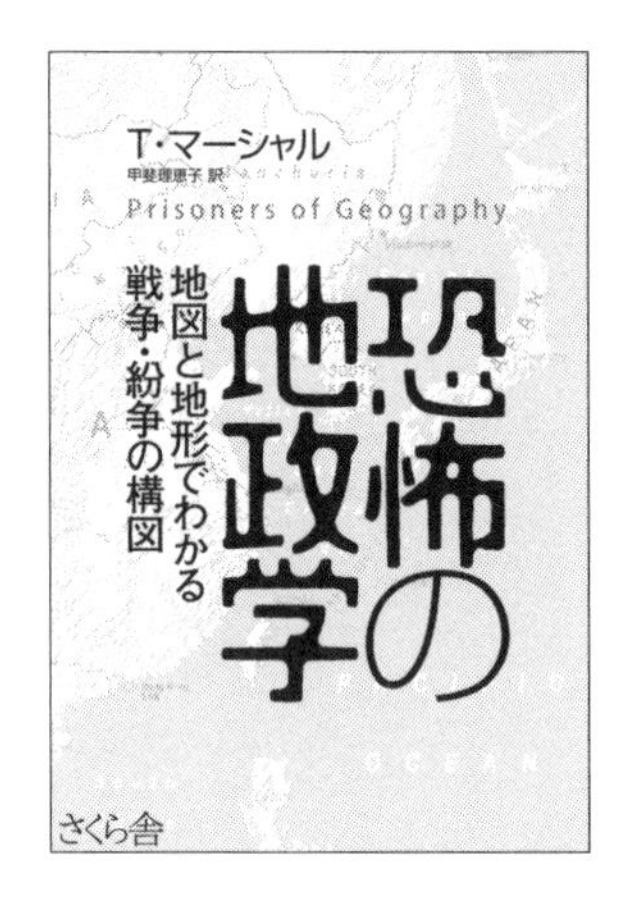

ベストセラー！　宮部みゆき氏が絶賛「国際紛争の肝心なところがすんなり頭に入ってくる！」中国、ロシア、アメリカなどの危険な狙いがわかる！

1800円（＋税）

定価は変更することがあります。

さくら舎の好評既刊

外山滋比古

思考力

日本人は何でも知ってるバカになっていないか？
知識偏重はもうやめて考える力を育てよう。外山
流「思考力」を身につけるヒント！

1400円（＋税）

定価は変更することがあります。

さくら舎の好評既刊

長沼 毅

超ヤバい話

地球・人間・エネルギーの危機と未来

イエローストーン噴火でアメリカ崩壊か！　原子力や化石燃料に代わる夢の新エネルギー誕生か！地球は温暖化なのか、寒冷化なのか？

1500円（＋税）

定価は変更することがあります。